ŒUVRES

DE

M. MARAT.

Avertiſſement pour le Relieur.

Il eſt important que les Planches coloriées n'aillent point ſous le marteau du Relieur, ſans être ſéparées par des feuilles de papier Joſeph.

En les plaçant dans le livre, il faut avoir ſoin de ne former aucun pli dans la partie coloriée.

Les autres Planches doivent être pliées de même.

La Planche X doit être vis-à-vis la page 312.

MÉMOIRES

ACADÉMIQUES,

OU

NOUVELLES DÉCOUVERTES

SUR LA LUMIÈRE,

Relatives aux points les plus importans de l'Optique.

Elles furnageront contre vent & marée.

Prix, 8 liv. broché.

✳

A PARIS,

Chez N. T. MÉQUIGNON, rue des Cordeliers, près de Saint-Côme.

M. DCC. LXXXVIII.
Avec Approbation & Privilège du Roi.

AVIS DU LIBRAIRE.

On trouve chez le même Libraire les Notions Elémentaires d'Optique, du même Auteur, *in-8°. br.* . . . . 1 liv. 4 fols.

Recherches Physiques fur le Feu, 1 vol. *in-8°.* avec *fig.* . . . . 3 liv. 12 fols.

Recherches Physiques fur l'Electricité, 1 vol. *in-8°.* avec *fig.* . . . . 5 liv.

Mémoire fur l'Electricité Médicale, *in-8°.* 2 l.

Lettre à M. l'Abbé Sans, fur l'Electrisation positive & négative, fefant fuite à ce Mémoire, *in-8°.* . . . . 15 fols.

INTRODUCTION.

LES *Découvertes* que je préſente au Public, ſont la ſuite des *Découvertes* que je lui préſentai en 1780.

Elles ne tendent pas moins qu'à faire changer de face à l'Optique. Pénétré de leur importance, & jaloux de les conſtater rigoureuſement, j'en ai fait le ſujet de pluſieurs Programmes, je les ai conſignées dans des Mémoires particuliers, & j'ai provoqué l'examen des Compagnies ſavantes (1).

Pour me conformer aux réglemens académiques, j'ai envoyé ces Mémoires au concours par des mains étrangères, & j'y ai parlé de mes premières productions, comme ſi je n'en étois pas l'Auteur.

J'aurois même continué à garder l'incognito, ſi j'avois trouvé moins d'inconvéniens à les faire paroître ſous un nom emprunté. Le dirai-je ? Tel eſt l'empire des anciennes opinions, qu'un No-

---

(1) Ne pouvant paroître, je m'en ſuis rapporté à quelques amis de la vérité, qui s'intéreſſent aux progrès des Sciences ; & ils ont choiſi des Académies, où je ne pouvois pas me flatter de trouver beaucoup de partiſans.

vateur fans intrigue, fans parti, fans proneurs, eft fouvent réduit à fe cacher pour échapper à la perfécution : mais ce n'eft pas ici le lieu de dévoiler les fourdes menées de mes adverfaires (1).

J'ai à faire connoître mon travail.

Les Lecteurs verfés dans l'Optique feront fans doute frappés de la différence de l'Ouvrage que je publie aujourd'hui à celui que j'ai d'abord publié fur le même fujet : & cela doit être. Le premier n'eft qu'une ébauche légère, réfultat d'heureux apperçus & d'un travail facile : le dernier eft le fruit de trois années de recherches profondes, & de cinq mille expériences, toutes analyfées avec foin ; mais dont j'ai cru devoir ne préfenter que les plus fimples, les plus faillantes : ainfi cet Ouvrage, l'un des moins imparfaits qui foient fortis de ma plume, n'a prefque rien de commun avec ceux qui ont paru jufqu'ici fur la lumière, & j'ofe croire que les connoif-

_____

(1) Je fais qu'ils s'agitent plus que jamais pour me fermer les Journaux. S'ils y parviennent, j'admirerai la force des confidérations perfonnelles, & la docilité des Critiques. Au demeurant, qu'ils ne fe flattent pas de laffer ma conftance : on n'eft pas fait pour être l'apôtre de la vérité, quand on n'a pas le courage d'en être le martyr.

feurs ne le trouveront pas moins recommandable par fa folidité que par fa nouveauté.

Il renferme quatre Mémoires relatifs aux points les plus importans de l'Optique, tels que *la différente réfrangibilité & la différente réflexibilité des rayons hétérogènes, les accès de facile réflexion & de facile tranfmiffion, la formation de l'arc-en-ciel, & les couleurs des lamelles tranfparentes des bulles de favon, &c.*

La différente réfrangibilité des rayons hétérogènes y eft combattue par des preuves infiniment plus fortes que toutes celles que je lui ai oppofées jufqu'ici. Non - feulement ces preuves font nouvelles ; mais elles font très-variées. A l'égard des deux premiers Mémoires, je fuîs même une marche entièrement différente : dans l'un, je démontre que les principes de Newton ne rendent point raifon des Phénomènes ; dans l'autre, je développe une multitude de faits inconnus jufqu'à moi, mais, fimples & invariables, diamétralement oppofés à ces principes.

Le même fujet eft remanié dans les deux derniers Mémoires ; j'y combats encore le fyftême Newtonien par d'autres expériences, &

a 4

telle eſt l'abondance de mes preuves que je ne ſuis plus embarraſſé que du choix.

Voici donc, en dernière analyſe, à quoi ſe réduit la grande queſtion agitée depuis peu ſur la différente réfrangibilité des rayons hétérogènes. L'Auteur a étayé ce point de doctrine, de pluſieurs phénomènes qui s'expliquent bien mieux par mes principes que par les ſiens; & je lui oppoſe une multitude de phénomènes qui ne s'expliquent que par ma théorie, & qui ſont impoſſibles dans la ſienne.

Mais il faut entrer ici dans quelques détails.

Le premier de mes Mémoires contient un examen géométrique & phyſique des principales expériences que Newton donne en preuve *du ſyſtème de la différente réfrangibilité*; & j'y fais voir que ces expériences ſont toutes fauſſes ou illuſoires. Indépendamment de diverſes contre expériences, faits nouveaux directement contraires à ce ſyſtème, j'y offre une ſuite d'obſervations tranchantes qui avoient également échappé & à ſes partiſans & à ſes adverſaires; obſervations bien propres à démontrer que les principes de l'Auteur ne rendent nullement raiſon des phénomènes.

Le ſecond Mémoire purement phyſique; mais plus piquant, plus ſerré, plus nerveux, pré-

fente cinq claffes d'expériences abfolument neuves, dont les réfultats uniformes démontrent
jufqu'à l'évidence que les rayons hétérogènes,
tous également réfrangibles, ne fe féparent jamais qu'en paffant le long des corps. Dans ces
diverfes expériences, la lumière directe du foleil, ou réfléchie par les corps blancs, émerge
conftamment du prifme, auffi acolore qu'elle
l'eft à fon incidence ; & cela au moyen de différentes méthodes de féparer à volonté les rayons
décompofés autour d'un objet, des rayons réfléchis par fa furface ; ou même de fupprimer les
iris qui bordent l'image de l'objet vu au prifme,
fans que cette image foit moins nettement terminée que s'il étoit vu à œil nud.

Le troifième Mémoire attaque l'explication
que Newton donne de l'arc-en-ciel, d'après les
expériences de l'Archevêque de Spalato ; expériences illufoires, & à plus d'un égard. J'y fais
voir que les rayons hétérogènes, fuppofés émergens du nombre infini de goutes de pluie qui
tombent de la nue, ne peuvent former ni arcs
féparés, ni teintes marquées. Après avoir ruiné
par parties ce pompeux édifice, j'en fappe les
fondemens, en montrant le faux *du fyftême de la
différente réfrangibilité, & du fyftême des accès de*

facile réflexion & de facile tranfmiffion, qui lui
fervent de bafe.

Quoique ce Mémoire foit rempli d'obfervations importantes, il ne donne cependant que des
connoiffances négatives fur la formation de
l'arc-en-ciel, le plus beau des phénomènes de
la Nature ; or des connoiffances pofitives auroient intéreffé bien autrement : mais elles ne
pouvoient trouver place que dans un autre Ouvrage (1).

Enfin, le quatrième Mémoire fait voir que
les couleurs des corps minces & diaphanes ne
viennent point de leur différente ténuité ; puifque les bulles de verre bien net, de l'eau pure, de
la gomme arabique diffoute, du blanc d'œuf, &c.
ne font jamais irifées. Et comme l'explication
donnée par Newton porte fur la *doctrine de la
différente réfrangibilité*, & fuppofe *celle des accès
de facile réflexion & de facile tranfmiffion*, je m'attache à en démontrer le peu de folidité. Enfuite

---

(1) J'ai dans mon porte-feuille d'autres Mémoires, qui font également fuite à mes découvertes fur
la lumière, & que je publierai à la fin de l'année. J'y
traite de l'Iris, & des couleurs du ciel au lever & au cou-
cher du foleil, de l'ellypticité de la lune à l'horifon, de
la double image du criftal d'Iflande, &c.

je développe les caufes des couleurs qu'offrent les plaques de verre & les bulles d'eau de favon.

A l'égard des premières, je prouve en fubftituant à l'objectif inférieur un miroir de verre noir, que les rayons tranfmis n'ont aucune part à la production des anneaux obfcurs : puis je déduis les couleurs de chaque anneau, des rayons décompofés autour des points de contact des verres comprimés. Quant aux couleurs des bulles d'eau de favon, je démontre qu'elles tiennent à une caufe abfolument différente. Dans cette partie, la plus originale du Mémoire, je fais voir que le principe de ces couleurs eft le principe même des couleurs permanentes des corps ; je veux dire la préfence de trois efpèces de particules effenciellement différentes, dont chacune ne réfléchit guères que les rayons de l'une des couleurs primitives. De ces particules dégagées de leur diffolvant par l'évaporation, puis féparées les unes des autres à raifon de leurs différentes pefanteurs fpécifiques, & à raifon de l'affinité plus étroite de celles d'une même couleur, les homogènes fe réuniffent bientôt pour former des anneaux, & ces anneaux rangés audeffous les uns des autres forment toujours une pellicule irifée, diftincte des parois de la bulle. Or, cette pellicule dans ces mouvemens particuliers fuit conftamment les lois de l'équilibre.

Principes nouveaux dont le mécanisme infiniment propre à piquer la curiosité des Chymistes & des Physiciens, semble même tenir du prodige.

Bien que ces Mémoires aient pour objet divers phénomènes de la lumière, j'ai sur-tout travaillé à ramener au vrai la *doctrine de la différente réfrangibilité*, point fondamental de Dioptrique, à l'égard duquel tant de Géomètres s'étoient égarés sur les traces de Newton : les preuves multipliées que j'en donne forment une démonstration, à laquelle il est impossible de résister.

Ce point changé, dès-lors l'Optique entière prend une face nouvelle. La révolution opérée dans cette science sublime doit s'étendre à d'autres branches de la Physique : mais on ne peut en sentir toute l'importance, qu'en considérant l'influence prodigieuse qu'elle aura sur la construction des instrumens de Dioptrique, d'Astronomie, de Marine, &c. dont les progrès intéressent si fort la Société.

Quelque flatteur que soit l'empressement avec lequel un grand nombre de Lecteurs continuent à rechercher mes premières *Découvertes sur la lumière*, depuis que la dernière édition est épuisée, je n'ai point voulu consentir à remettre

fous Preſſe cet Ouvrage, trop peu digne de
leur être offert. J'ai donc refondu ce qu'il contient d'intéreſſant dans mes *Notions élémentaires
d'Optique*, opuſcule mieux foigné, & qui a
l'avantage de préſenter les mêmes objets dans
un plus beau jour, réunit celui de donner le plan
du grand Ouvrage que je travaille fur les phénomènes de la lumière, & les merveilles de la
viſion.

Cet opuſcule, conjointement au Recueil de ces
Mémoires, renferme toutes les découvertes en
ce genre que j'ai publiées juſqu'à ce jour. On
voit par-là que ces Ouvrages ne doivent point
être féparés (1) : également néceſſaires à ceux
qui veulent étendre leurs connoiſſances en Optique, le premier eſt même indiſpenſable pour
l'intelligence du dernier.

Sentant combien il importe de faciliter l'étude
des Sciences, je me fuis fingulièrement attaché
dans ces Mémoires à la clarté & à la préciſion
du ſtyle; j'ai apporté beaucoup de foins à la
correction de la partie Typographique, & j'ai
orné l'ouvrage de planches coloriées, feules propres à rendre avec vérité les effets de la lumière

---

(1) Il conviendroit de les faire relier en un même
volume, les Notions élémentaires à la tête.

décompofée, à tenir lieu des expériences qu'on n'eft pas à portée de répéter, à foulager l'imagination toujours fatiguée lorfqu'il faut revêtir de certaine couleur certaine partie d'une figure en noir, à montrer d'un coup d'œil fi le raifonnement de l'Auteur s'applique bien aux phénomènes, & à faire fentir toute la force des démonftrations.

Les frais confidérables qu'ont entraînés les premiers effais de ce nouveau genre de planches, ont porté le prix de cet Ouvrage plus haut que je ne l'aurois defiré : mais je me flatte que les Lecteurs qui veulent s'inftruire, ne balanceront pas une légère augmentation de dépenfe avec les nombreux avantages qu'elle leur procurera.

Defirant propager les vérités que j'ai découvertes, & profiter moi-même des lumières de mes Lecteurs, j'invite les Phyficiens à répéter mes expériences, à pefer les conféquences que j'en ai tirées, & à me communiquer leurs obfervations. S'ils fe trouvoient arrêtés faute de connoître la manipulation, ou de pouvoir fe procurer un appareil d'inftrumens convenables, je me ferai un plaifir de leur donner tous les renfeignemens (1) néceffaires.

_____

(1) Leurs Lettres, franches de port, me parviendront, *rue du Vieux-Colombier, F. S. G. à Paris.*

ERRATA.

Le Lecteur est prié de corriger ces fautes, avant de commencer la lecture de l'Ouvrage.

PAGE 9, ligne 15, soulignés, *lisez*, en italique,

P. 12, lig. 6, déroberoient, *lisez*, déroberoit.

P. 23, lig. 17, nettement, *lisez*, à la fois nettement.

P. 27, lig. 2, l'éciat, *lisez*, l'éclat.

P. 29, lig. 3, Fig. 5, *lisez*, Exp. 5.

P. 39, lig. 5, dreffiement, *lisez*, différemment.

P. 40, lig. 6, le rayons, *lisez*, les rayons.

P. 48, lig. 5, sur un plan, *lisez*, sur le plan.

P. 96, avant-dernier Paragraphe omis.

Mais lors même que ces rayons n'auroient souffert ni déviation, ni décomposition aux bords du trou, on ne voit pas que l'expérience de l'Auteur vienne à l'appui de sa proposition; car les rayons du faisceau solaire tombent en divergeant sur le parallélipipède : or l'angle d'incidence des homogènes de chaque image colorée n'étant pas le même, comment la réflexion pourroit-elle les souftraire à la fois du faisceau, suivant leur degré de réflexibilité, toujours correspondant à leur degré de réfrangibilité ? Pour cela, il faudroit nécessairement que les rayons du soleil fussent parallèles : ce que Newton paroît avoir bien senti ; aussi leur suppose-t-il gratuitement cette direction, sans se mettre en peine des observations qui démontrent le contraire. Hypothèse commode, que j'ai relevée plus d'une fois.

Admettons-la cependant, & voyons ſi l'expérience en eſt moins défectueuſe.

Page 280, Exp. 13, *liſez*, Exp. 17.

Idem. Exp. 14, *liſez*, Exp. 18.

MEMOIRE

MÉMOIRE

Sur les Expériences que Newton donne en preuve du systéme de la différente réfrangibilité des Rayons hétérogènes.

Ex fumo dare lucem. HORAT. *de Art.* Poet.

NOTICE.

L'ACADÉMIE de Lyon proposa en 1784, pour sujet d'un Prix extraordinaire de Physique, de DÉTERMINER *si les expériences sur lesquelles Newton établit la différente réfrangibilité des rayons hétérogènes, sont décisives ou illusoires.* L'examen dans lequel les Auteurs entreroient, devoit être approfondi, & leurs assertions devoient être fondées sur des expériences simples, dont les résultats fussent uniformes & constans.

Cette Compagnie a prononcé dans sa dernière séance publique, sur les Mémoires envoyés au Concours : voici l'extrait de son Programme du 29 Août 1786.

« Le Concours, par son mérite, a répondu à
» l'importance de la question. On a admis huit
» Mémoires, dont quatre attaquent la Théorie
» Newtonienne, & quatre la défendent. Deux
» des premiers & deux des seconds étoient
» évidemment trop inférieurs aux autres, pour
» soutenir la concurrence. Le vrai concours n'a
» eu lieu, en effet, qu'entre deux savans Mé-
» moires opposés à Newton, & deux qui con-
» firment ses expériences & sa théorie. Toutes
» les expériences ont été soigneusement répé-

A z

» tées avec les instrumens que le zèle de quel-
» ques Académiciens a fournis ; les Commis-
» saires y en ont ajouté de nouvelles , les résul-
» tats ont été constamment en faveur du célèbre
» Physicien Anglois ; & l'Académie s'est féli-
» citée d'avoir à couronner deux Défenseurs de
» sa doctrine , vraiment dignes de ce grand
» Homme.

» Elle a décerné la Médaille d'or , au Mémoire
» coté n°. 4 , qui a pour devise ces mots , par-
» faitement appliqués à l'ouvrage : *Simplicitas*
» *experientiis , vigorque demonstratione.* Un tra-
» vail immense , une théorie géométrique , jus-
» tifiée par l'expérience qui la suit : tel est le
» mérite de ce Mémoire qui annonce , de la part
» de l'Auteur , une longue habitude de la Géo-
» métrie & de grands talens pour la Physique
» expérimentale. Il est de M. Flaugergues , fils ,
» Correspondant de la Société Royale de Mé-
» decine de Paris , de la Société Royale des
» Sciences de Montpellier , & du Musée de
» Paris ; à Viviers en Vivarais.

» L'accessit a été donné au Mémoire Latin ,
» coté n°. 3 , qui a pour épigraphe...... *Tantum*
» *novimus , quantum experiundo didicimus.* L'Aca-
» démie a témoigné un vrai regret de n'avoir
» pas un autre Prix à accorder à cet important
» Ouvrage. Il défend la théorie de Newton ,

» avec des armes également vict. leuses ; mais
» l'étendue du travail a mérité la préférence au
» précédent.

» L'Auteur eft M. Antoine Brugmans, Pro-
» fefleur de Philofophie & de Mathématiques,
» & de plufieurs Académies favantes ; à Gronin-
» gue , dans les Provinces-Unies.

» L'Académie a arrêté, par délibération ,
» que les deux Mémoires, ainfi que le rapport
» de fes Commiflaires, feroient imprimés & pu-
» bliés , aufli-tôt qu'il fe pourra ».

Quelque confiance que j'aie dans les lumières
de cette docte Société , la queftion qui fait le fujet de ce Mémoire & du fuivant , intéreffe trop
les progrès de l'Optique , de l'Aftronomie & de
la Marine, pour ne pas faire quelques obfervations fur le jugement qu'elle vient de prononcer.

J'obferverai d'abord , en paflant, que « les
» deux Mémoires oppofés à Newton & admis au
» concours , » font ceux que je publie aujour-
d'hui : découverte que je viens de faire dans une
lettre à mon repréfentant, où M. le Secretaire
de l'Académie a bien voulu enfin lui faire cette
confidence. Peut-être le Lecteur curieux s'atten-
doit-il à faire la même découverte dans le Programme de la Compagnie ; mais il la fera fans

doute dans le rapport des Commiſſaires, qui doit voir le jour *auſſi-tôt qu'il ſe pourra*, & qui contiendra probablement l'examen diſcuté des Mémoires qui ont concouru.

Peut-être auſſi le Lecteur fait pour juger par lui-même, deſireroit-il avec ce rapport l'impreſſion des quatre Mémoires qui ont concouru, pièces indiſpenſables du procès : mais l'Académie a arrêté par délibération inſolite, que cet honneur ſeroit réſervé à celui qui a obtenu la couronne, & à celui qui a mérité l'acceſſit.

A propos de couronne & d'acceſſit ; les critiques diront ſans doute que de l'aveu même de l'Académie, le Prix n'appartenoit pas moins au dernier qu'au premier : mais il paroît que pour fixer ſon choix, cette illuſtre Compagnie, trop long-temps indéciſe, a enfin pris le ſage parti de compter le nombre des pages.

Les critiques diront encore que l'Académie *s'étant félicitée d'avoir à couronner deux Défenſeurs de la Doctrine Newtonienne*, n'a pas abſolument fait preuve d'impartialité dans la diſtribution de ſes faveurs.

Enfin les critiques diront qu'il y a amphibologie captieuſe dans l'énoncé des faits ſur leſquels l'Académie a fondé ſa déciſion ; & il faut convenir qu'il a beſoin d'un petit bout de commentaire.

« Le vrai concours (ce font les termes du
» Programme) n'a eu lieu qu'entre deux favans
» Mémoires oppofés à Newton, & deux qui
» confirment fes expériences & fa théorie.
» Toutes les expériences ont été foigneufe-
» ment répétées, avec les inftrumens que le
» zèle de quelques Académiciens a fournis, les
» Commiffaires y en ont ajouté de nouvelles ;
» *les réfultats ont été conftamment en faveur du*
» *célèbre Phyficien Anglois* ». Mais il eft manifefte qu'on ne doit point comprendre dans ces
expériences celles de mes deux Mémoires ; car
leurs réfultats font conftamment oppofés à ceux
de Newton.

Je dis mieux : dans celui qui porte pour devife,
Ex fumo dare lucem, je démontre par-tout que les
expériences Newtoniennes font illufoires ; puifqu'il me fuffit prefque toujours de les varier,
pour avoir des réfultats différens, fouvent même
oppofés.

A l'égard de celui qui porte pour devife,
Multa paucis, j'y développe cinq claffes de phénomènes abfolument nouveaux, mais parfaitement fimples, conftans, uniformes, ou plutôt
j'y donne quatre méthodes inconnues jufqu'à
moi, de faire émerger du prifme la lumière
directe du foleil ou réfléchie par les corps
blancs, auffi acolore qu'elle l'eft à fon inci-

dence : — démonſtration ſi complette, qu'à la
vue d'un ſeul de ces faits, Newton lui-même
ſe feroit empreſſé d'abandonner ſon ſyſtême.

Les expériences d'après leſquelles l'Académie a prononcé ſe réduiſent donc à celles de
ſes Commiſſaires & à celles des défenſeurs de
Newton : or ſi les uns & les autres ſe ſont bornés
à répéter les expériences de ce grand Homme,
(ou à en tâtonner d'analogues), comme tant
de Savans ont fait depuis un ſiècle, faut - il
s'étonner qu'elles aient toujours donné des réſultats à l'appui de ſon ſyſtême ? Au ſurplus, il
s'agiſſoit bien là d'étayer ce ſyſtême ! N'eſt-il pas
établi par l'Auteur original auſſi ſolidement qu'il
puiſſe l'être ? Et parmi ſes fauteurs les plus vains,
en eſt-il un ſeul qui oſât prétendre faire mieux ?
Comment donc l'Académie n'a-t-elle pas ſenti
qu'elle manquoit le but ; car, on ne révoque
pas en doute les réſultats des expériences de
Newton ; mais on attaque les conſéquences qu'il
en a tirées.

Si la Nature ne peut jamais offrir de phénomènes contradictoires, un ſeul fait ſimple & conſtant, diamétralement oppoſé aux expériences
de Newton, ſuffit pour les renverſer : ainſi ce
n'étoit qu'en relevant les antagoniſtes de ce profond Géomètre, que ſes partiſans pouvoient le
défendre ; ou plutôt ce n'étoit qu'en examinant

avec foin les faits nouveaux développés dans mes deux Mémoires, & en pefant les preuves frappantes qui s'y trouvent développées, que l'Académie pouvoit décider la queftion. Cet examen qu'elle n'a point fait, les Lecteurs inf-truits vont le faire, & j'ofe croire qu'ils feront un peu furpris de fon jugement.

OBSERVATIONS ESSENCIELLES.

LES articles guillemetés font la fubftance des expériences Newtoniennes, que j'examine. Je me fuis fervi d'une traduction nouvelle de l'Op-tique de Newton; traduction claire & fidèle qui a mérité la fanction de l'Académie Royale des Sciences (I).

Les articles foulignés font mes expériences, dont les réfultats fe trouvent diamétralement oppofés à la doctrine de la différente réfrangi-bilité, & qu'il importe de conftater avant d'en-trer dans aucun examen.

Les figures géométriques font tirées de l'Op-tique de Newton.

Les figures coloriées repréfentent les phé-

(I) Elle fe trouve chez le Roy, rue Saint-Jacques.

nomènes que j'oppofe à fes affertions. Ce n'eft qu'après les avoir vérifiés, qu'on pourra procéder à une lecture fuivie de mon Mémoire, & le juger.

Les principaux inftrumens employés aux expériences décrites dans ce Mémoire, font :

Six prifmes équilatéraux, de mêmes dimenfions.

Un prifme ifocelle, ayant vingt lignes de faces, & l'angle au fommet de quinze degrés.

Un prifme rectangle, de quinze lignes de faces, & dont les angles à la bafe foient chacun de quarante-cinq degrés.

Un parallélipipède fait de deux moitiés de prifme ifocelle, dont l'angle au fommet ait trente à trente-cinq degrés, & les faces vingt lignes.

Un objectif convexe, de fix pouces en diamètre & fix pieds de foyer.

Un objectif convexe, de quatre pouces en diamètre & douze pieds de foyer.

Tous ces inftrumens doivent être d'un travail régulier & d'un beau poli : il importe fur-tout que le verre en foit très-pur.

MÉMOIRE.

PROGRAMME.

« *Les Expériences fur lefquelles Newton*
» *établit la différente réfrangibilité des*
» *rayons hétérogènes , font - elles déci-*
» *fives ou illufoires ?* »

IL eft peu de Programmes auffi piquans par
leur objet, auffi importans par leurs conféquences. Non-feulement l'égale ou l'inégale réfrangibilité des rayons hétérogènes tient à la plupart des phénomènes de l'Optique , la plus fublime des fciences exactes: mais elle tient à
la théorie des inftrumens dioptriques ; car les
principes de leur conftruction nepeuvent être les
mêmes , fi les rayons hétérogènes font ou ne font
pas différemment réfrangibles: & quand la queftion propofée ne tendroit qu'à perfectionner ces

inſtrumens précieux , quels avantages n'auroit-
on pas droit d'attendre de ſa ſolution ? Ce ſont
ces inſtrumens ſeuls qui ſuppléent à la foibleſſe ,
& remédient aux défauts de la vue ; ce ſont eux
qui ſoumettent à l'œil les objets que leur petiteſſe ou leur éloignement lui déroberoient ; ce
ſont eux qui nous font jouir encore des charmes
de la lumière , quand l'âge ou quelque accident
ſemble nous en priver.

Mais l'utilité de ces inſtrumens ne ſe borne
pas là. Que ne leur doivent pas l'Horlogerie ,
la Gravure , l'Hiſtoire naturelle , l'Anatomie , la
Chimie , la Phyſique expérimentale , l'Aſtronomie , la Marine , l'Art de la guerre ? Ainſi , Meſſieurs , de votre Programme dépendent en quelque ſorte les progrès des ſciences les plus utiles ,
& les ſuccès de (1) ces Arts profonds qui contribuent le plus à la grandeur des Etats , qui
en changent même quelquefois les deſtinées.
En faut-il davantage pour faire ſentir toute l'importance de la queſtion que vous avez propo-
ſée , & l'examen ſcrupuleux qu'exige ſa ſolution.

Il ſembleroit qu'une ſcience auſſi utile que
l'Optique , a dû depuis long temps être portée

_____

(1) On ſait combien il importe quelquefois au ſuccès des expéditions militaires de découvrir de loin l'en-
nemi , & de reconnoître ſes manœuvres.

au plus haut point de perfection : il n'eſt que trop vrai pourtant qu'elle eſt très - imparfaite encore (1).

Quoique toujours cultivée avec ſoin , elle étoit reſtée au berceau juſqu'à Newton ; mais

(1) Aujourd'hui l'art de l'Opticien n'eſt encore qu'une routine aveugle. Les Artiſtes de Paris n'ont pas les premiers élémens de l'optique, & les meilleurs Artiſtes de Londres ne font une lunette achromatique qu'en tâtonnant. Celles qui ſortirent d'abord des mains de Dollond , étoient aſſez bonnes ; mais ſes confreres ſe ſont tous bornés à le copier ſervilement. Quelle que fût la force réfringente de la matière qu'ils vouloient employer, ils ont toujours donné les mêmes courbures aux verres des objectifs : auſſi n'y en a-t-il pas une exempte d'iris.

Telle eſt même l'ignorance des Opticiens, qu'ils ne ſavent pas faire une paire d'occhiales. Les verres n'en ſont preſque jamais centrés : ainſi les centres ne correſpondant point aux axes optiques, les yeux prennent une direction forcée ; ce qui fatigue ſingulièrement l'organe. Les verres en ſont toujours travaillés ſur le même foyer , quoique la vue n'ait pas ordinairement la même étendue dans chaque œil. Enfin les verres en ſont toujours faits de la même matière , quoiqu'ils duſſent rarement avoir la même tranſparence , puiſque les yeux ont rarement le même degré de ſenſibilité. Tant que les occhiales ne ſeront pas conſtruits ſur des principes bien raiſonnés, il eſt impoſſible qu'ils ſoulagent la vue ; mais depuis ſept années que je fais ces obſervations aux Opticiens de la Capitale , à peine en ai-je trouvé un ſeul en état de m'entendre.

ce grand Homme en fit l'objet de fon étude,
& parvint bientôt à en donner une théorie nouvelle. Ses découvertes étonnèrent le monde favant. Avant lui on croyoit les couleurs inhé-
rentes au corps, il démontra qu'elles appartiennent uniquement à la lumière ; & il fit voir
que la lumière eft un fluide compofé de parties effenciellement différentes, dont chacune
a la propriété de produire la fenfation d'une
couleur particulière. Vous favez que c'eft en
tranfmettant les rayons immédiats du foleil par
un prifme, qu'il fit cette belle découverte ; &
comme le phénomène le plus fimple eft rarement perdu pour l'obfervateur fagace, celui-
ci fournit à Newton ample matière à des réflexions profondes.

Donnons ici une idée de fa théorie.

D'un petit faifceau de rayons folaires tranfmis par un prifme, réfulte une image colorée
qu'il nomma *fpeftre*, & qu'il prit pour celle du
foleil (1). Au lieu d'être circulaire, lorfque les
réfraftions aux deux côtés de l'angle réfringent font égales, cette image eft toujours plus
ou moins oblongue, fuivant que ces côtés font
plus ou moins inclinés l'un à l'autre. Mais

_____

(1) Voyez la nouvelle Traduftion de l'Optique de
Newton, vol. 1, pag. 24, 30.

quelles qu'en foient les dimenfions, il obferva
conftamment que les couleurs dont elle eft compofée, occupent des efpaces diftincts. Comme
il lui paroiffoit démontré par ce phénomène,
que la lumière fe décompofe en fe réfractant aux
furfaces du prifme, il en conclut que les rayons
hétérogènes ne fe réfractent pas également.

D'après l'examen des efpaces relatifs des différentes teintes du fpectre, il jugea que les
rayons violets font le plus réfractés, & que
les rayons rouges font réfractés le moins : or
ayant fuppofé leurs angles d'incidence égaux,
ils ne lui parurent pouvoir fe réfracter les uns
plus que les autres, qu'autant qu'ils feroient naturellement plus ou moins réfrangibles.

Quoique les couleurs du fpectre paffent de
l'une à l'autre par une multitude de nuances,
Newton en compta fept principales, & il les
nomma *couleurs primitives*. Voici leur ordre relativement au degré de réfrangibilité qu'il affi-
gna à chaque efpèce de rayons dont elles réfultent, mais en allant du moins au plus : rouge,
orangé, jaune, vert, bleu, indigo & violet.

C'eft cette différente réfrangibilité prétendue
des rayons hétérogènes, qui fait la bafe de la
théorie de cet illuftre Phyficien.

Jamais nouvelle doctrine ne trouva plus de

partifans, & jamais nouvelle doctrine ne trouva
plus d'adverfaires. Les premiers en admirent
chaque partie, les derniers n'en admirent que
le fond, & difputèrent fur quelques points particuliers, principalement fur le nombre des
couleurs primitives. Les uns foupçonnèrent que
l'orangé & l'indigo étoient des couleurs mixtes ;
les autres allèrent jufqu'à foupçonner encore le
vert & le violet : mais pour appuyer leurs conjectures, ils s'en tinrent tous à objecter que
les bandes différemment colorées du fpectre ne
font pas tranchées nettement, & ils s'étoyèrent de
l'analogie de la formation de toutes les teintes
connues, que les Peintres compofent avec du
jaune, du rouge & du bleu. L'induction avoit
affurément quelque poids ; & de fait comment
fe perfuader que l'art fût plus fimple que la
Nature ? Cependant elle parut frivole aux défenfeurs de Newton, qui fe bornèrent conftamment à demander à fes adverfaires des expériences directes. Il s'agiffoit de décompofer le
fpectre, & même chacune de fes teintes dépu-
rée d'une certaine façon (1). Mille tentatives
furent faites pour cela, & toujours fans fuccès.
De ce défaut de fuccès on inféra l'impoffibilité

_____

(1) Voyez la quatrième Propofition du Livre I,
première Partie.

de

de réuffir. Dès-lors le fyftême de la différente refrangibilité, quoique fujet à difcuffion, parut établi fur une bafe inébranlable : auffi les efforts de fes adverfaires furent-ils toujours vains & toujours renaiffans, femblables aux flots de la mer qui en bouleverfent la furface, fans jamais en déranger le fond. Enfin après trente ans paffés à difputer contre ce' fyftême, il réunit tous les fuffrages, & fut confacré par ceux de l'Europe favante.

Le temps qui amène de fi grands changemens dans les opinions humaines, n'en produifit prefque aucun à cet égard. Les plus habiles Mathématiciens du fiècle s'occupoient à l'envi de l'étude de l'optique ; mais ils fe bornèrent tous à répéter les expériences de Newton, fans rien ajouter à fa théorie.

Au moment où elle paroiffoit fixée fans appel, elle vient d'être vivement attaquée par un Auteur de nos jours, bien connu par fon goût pour les recherches phyfiques, plus encore par fa méthode particulière d'obferver dans la chambre obfcure. A ces traits on doit reconnoître M. Marat.

Des phénomènes que le Phyficien François oppofe aux phénomènes du Phyficien Anglois,

B

presque tous ceux qui ont quelques connois-
sances d'optique, ont conclu que la doctrine
de la différente réfrangibilité n'est rien moins
qu'incontestable ; & vous - mêmes, Messieurs,
n'avez pas craint de remettre en question ce qu'on
croyoit décidé sans retour.

« *Les expériences sur lesquelles Newton établit*
» *la différente réfrangibilité des rayons hétérogènes,*
» *sont-elles décisives ou illusoires ?* »

J'avoue qu'au premier coup-d'œil ces expériences paroissent décisives ; mais elles perdent
à l'examen. En ramenant les conséquences à
leurs principes, les difficultés naissent en foule,
& l'esprit reste en suspens : en comparant
entr'eux les phénomènes, on cesse bientôt de
regarder les résultats de ces expériences comme
des faits simples, uniformes, invariables ; & en
consultant la Nature par de nouvelles expériences, on reconnoît enfin que celles de
Newton sont illusoires.

Ici, Messieurs, je dois un aveu à la vérité.
Je ne dissimulerai pas que je me suis quelquefois aidé du travail de *M. Marat*, & que c'est
à lui que je suis redevable des premiers traits
de lumière qui m'ont éclairé sur le sujet qui

nous occupe : mais enfuite j'ai été beaucoup
plus loin ; car fi ce Phyficien laborieux a fait
voir que le fyftême de la différente réfrangibilité n'eft pas folidement établi, il ne l'a pas entièrement renverfé. Ainfi fans rien ôter à fes recherches, on peut ne pas regarder toutes fes expériences comme tranchantes. Quant à celles fur
lefquelles je m'appuie particulièrement & que je
vais mettre fous vos yeux, j'ofe croire, Meffieurs, que vous les trouverez également neuves
& fans replique.

Si j'avois pour juges des fauteurs du fyftême
que je combats, j'aurois lieu de craindre que
plufieurs ne s'armaffent d'avance d'incrédulité
pour réfifter au plaifir de la perfuafion ; mais
ce n'eft pas à votre tribunal que l'entêtement
peut paffer pour fageffe.

Au refte, qu'on ne croie pas qu'en combattant
Newton, je ceffe un inftant de l'admirer. S'il
fe trompa, ce fut en grand homme ; & peut-
être rien ne prouve-t-il mieux la fupériorité de
fon génie, que le fyftême de la différente réfrangibilité. Ce fyftême manque de folidité, fans doute ;
mais il l'a rendu vraifemblable ? Que dis-je, vraifemblable? Il a fu le revêtir des caractères apparens
du vrai, au point de faire illufion au monde favant
pendant un fiècle entier ; & pour l'établir, que de
talens ne déploya-t-il pas ? Quelle fagacité dans

B 2

la manière dont il interrogea la Nature ! quelles
reſſources d'imagination dans les moyens qu'il
employa pour découvrir les propriétés de la lumière ! quelle dialectique dans la manière dont
il fit concourir les faits à la preuve de ſes opinions ! quel art dans la manière dont il appliqua
le calcul aux réſultats de ſes expériences ! quelle
adreſſe dans la manière dont il voila les parties
foibles & défectueuſes de ſa doctrine ! Prodigieux juſques dans ſes écarts, il remplaça des
découvertes réelles par des découvertes fictives
plus étonnantes encore, & déploya pour étayer
une erreur plus de génie cent fois qu'il n'en falloit pour l'éviter. Après cet hommage rendu à ſa
mémoire, je me flatte qu'on ne me fera pas un
crime du courage avec lequel j'embraſſe ouver-
tement contre lui la cauſe de la vérité.

Les expériences ſur leſquelles Newton établit
ſon ſyſtéme, ſont détaillées aux articles des deux
premières *propoſitions de ſon Traité des couleurs*.

De ces expériences, la ſeconde ſeule eſt directe ; toutes les autres ſont d'induction : car il
ne donne en preuve de la différente réfrangibilité les phénomènes qu'elles préſentent, que
parce qu'il ne lui parut pas poſſible d'en rendre
raiſon par aucune autre hypothèſe. On verra

ci-après que les résultats de celles-ci ne font propres qu'à faire illusion, & on va voir que les vrais résultats de celle-là font loin d'être conformes à ceux qu'il annonce, comme quelqu'un l'a déjà observé.

II. EXPÉRIENCE.

Je commence par la décrire.

« Ayant pris une bande de papier noir D E, Fig. 1.
» oblongue & à côtés parallèles, Newton la
» diftingua en deux parties égales par une per-
» pendiculaire F G : de ces parties il peignit
» l'une en rouge, l'autre en bleu, avec des cou-
» leurs foncées, afin que le phénomène fût
» plus fenfible. Autour de cette bande il paffa
» plufieurs fils déliés de foie très-noire, qui
» paroiffoient comme autant d'ombres bien ter-
» minées, puis il la fufpendit contre une pa-
» roi, de manière que la ligne tranfverfale
» qui féparoit ces couleurs, étoit perpendicu-
» laire à l'horifon. Tout près de l'extrémité in-
» férieure de cette ligne, il plaça la flamme
» d'une chandelle pour éclairer l'objet ; car l'ex-
» périence fut faite de nuit : enfuite à fix pieds
» & un ou deux pouces de diftance, il difpofa
» verticalement un objectif M N de cinquante
» & une ligne de diamètre, & de fix pieds un ou

B 3

» deux pouces de foyer. Après quoi il pro-
» jetta fur un carton blanc les rayons réfléchis
» par le papier peint , & réfraftés par l'objec-
» tif. Enfin variant la diftance du carton, pour
» chercher les points où les images des lignes
» noires paroiffoient le mieux terminées , il
» trouva que quand l'une paroiffoit diftinfte,
» l'autre paroiffoit confufe. Or le point *h i* où
» la bleue avoit le plus de netteté, fe trouvoit de
» dix-huit lignes plus proche de l'objeftif, que
» le point H J, où la rouge avoit le plus
» de netteté. D'où il conclut qu'à incidences
» égales, les rayons bleus, concourant de cette
» quantité plus près de l'objeftif que les rayons
» rouges, étoient plus réfraftés , conféquem-
» ment plus réfrangibles (1) ».

Newton dit avoir trouvé dix-huit lignes de
diftance entre le foyer des rayons rouges & le
foyer des rayons bleus; mais les réfultats de
cette expérience faite de la forte, font trop peu
marqués, pour que l'on puiffe favoir à quoi s'en
tenir. D'ailleurs quelque déférence qu'on ait pour
l'autorité d'un fi grand Maître , on ne fauroit
fe défendre d'un peu de furprife, en le voyant
fe contenter d'une expérience auffi défeftueufe.

_____

(1) Voyez la nouvelle Traduftion de l'Optique de
Newton , vol. I , pag. 22 & 23.

L'eût-il conçue autrement , s'il eût voulu que
les réfultats n'en fuffent pas fenfibles ? Et s'il
défiroit les voir avec netteté , comment ne l'a-
t-il pas répétée au grand jour? A coup sûr il
les eût trouvés bien différens de ceux qu'il rapporte : *car quand on répète cette expérience dans*
la chambre obfcure , après avoir expofé le papier
peint aux rayons folaires , on voit les images des
bandes rouge & bleue devenir diftinctes au même
point ; ce qui paroît beaucoup mieux encore quand
on a foin d'appliquer exactement à ces bandes des
fils de couleurs tranchantes.

Exp. II.

Il eft indubitable toutefois que fi les rayons
hétérogènes étoient différemment réfrangibles ,
il n'y auroit aucun point dans la diftance focale de l'objectif, où les images des bandes &
des fils puiffent être nettement terminées.

à la

Ainfi l'expérience de l'Auteur n'eft pas fimplement illufoire, elle eft fauffe ; & comme elle
eft la feule directe à l'appui du fyftême de la
différente réfrangibilité , je vous invite, Meffieurs, à réfléchir fur cette circonftance effencielle : mais déjà vous m'avez prévenu.

Si la feule expérience directe que Newton ait
donnée en preuve de fon fyftême eft fauffe,
le moyen que les expériences indirectes ne foient

B 4

pas toutes illusoires ! car leurs résultats, au demeurant, sont assez conformes à ceux qu'il annonce. Sans doute l'induction est fondée ; mais il s'agit de le démontrer : soumettons-les donc à l'examen le plus sévère, & commençons par la première.

I. EXPÉRIENCE.

Fig. 2.   Elle consiste à regarder à travers un prisme A B C une bande (1) de papier D E oblongue & peinte moitié en bleu, moitié en rouge ; après l'avoir couchée devant une croisée M N parallèlement à l'horison & au prisme, & après avoir tendu de drap noir le dessous de la croisée, afin qu'il n'en vienne aucune lumière qui puisse se mêler à celle que le papier peint réfléchit, & obscurcir les phénomènes. Or si l'angle réfringent du prisme est tourné en haut, de sorte que l'image soit élevée par la réfraction, la moitié bleue paroîtra plus haute que la moitié rouge ; mais si l'angle réfringent est tourné en bas, de sorte que l'image soit abaissée par la réfraction, la moitié bleue paroîtra plus basse que la moitié rouge. D'où Newton conclut que dans ces deux cas, la lumière de la moitié

_____

(1) C'est la bande dont nous avons déjà parlé.

bleue, tranſmiſe à l'œil à travers le priſme ,
ſouffrant une plus grande réfraction que la lumière de la moitié rouge, eſt néceſſairement
plus réfrangible (1).

Ces phénomènes que Newton attribuoit à
la différente réfrangibilité des rayons hétérogènes, viennent uniquement des rayons réfléchis par le fond , puis déviés & décompoſés aux
bords de la bande de papier peint : car il eſt
hors de doute que les rayons de lumière ſe dévient & ſe décompoſent conſtamment à la circonférence des corps ; déviation & décompoſition que notre Auteur n'ignoroit certainement
pas (lui qui analyſa (2) ſi longuement l'expérience de Grimaldi) : mais dont il ne tint
aucun compte dans les phénomènes que préſentent des objets vus à travers un priſme.

Eh quoi, dira quelqu'un , quels ſoins Newton
n'a-t-il pas pris pour qu'aucune lumière étrangère ne ſe mêlât avec celle que le papier réflé-
chiſſoit ! — J'en conviens ; mais peut-on croire ,
demanderai-je à mon tour , que Newton y ait

_____

(1) Nouvelle Traduction, pag. 20 & 21.
(2) Le troiſième Livre de ſon Optique eſt conſacré
à cette analyſe.

réuſſi, qu'il pût même y réuſſir ? D'après la deſ-
cription de ſon expérience , on doit conjecturer que la bande peinte poſoit ſur le parquet ;
ſuppoſons-la poſée ſur un tapis noir, & montrons que toute lumière étrangère ne ſeroit pas
interceptée par ce fond ; car les corps les plus
noirs ne laiſſent pas que de réfléchir une certaine
quantité de lumière blanche. Pour s'en aſſurer ,

Exp. 2. *il ſuffit de faire tomber celle du ſoleil ſur une lame*
de verre noir bien polie, & de la recevoir enſuite

Exp. 3. *ſur un papier blanc* (1). *Or ſi on regarde à tra-*
vers un priſme, & de fort près , un corps noir (2)
placé ſur fond noir , on le verra bordé d'iris très-
marquées.

Ainſi les bandes de papier peint en bleu &
en rouge, vues ſur fond noir, offrent les
phénomènes qu'offriroit ſur même fond une
bande de papier blanc. —— Leurs images ſont-
elles abaiſſées par la réfraction ? —— Le bord
ſupérieur de chacune paroît liſéré de rouge &
de jaune ; le bord inférieur , de bleu & de violet. Mais les rayons jaunes & les rayons rouges
ſur bleu forment une teinte obſcure (3) qui fait

---

(1) Il eſt de fait, d'ailleurs, qu'avec ces ſubſtances
on peut faire d'aſſez paſſables miroirs.

(2) Il faut que cet objet ait un peu de relief.

(3) C'eſt ce qui s'obſerve en projettant le ſpectre ſur
des papiers différemment colorés.

paroître plus bas le bord ſupérieur de l'image bleue ; tandis qu'ils ajoutent de l'éciat & de l'étendue au bord ſupérieur de l'image rouge : ce qui le fait paroître d'autant plus haut. D'un autre côté, les rayons bleus & les rayons violets ſur rouge forment une teinte obſcure (1), qui fait paroître plus haut le bord inférieur de l'image rouge; tandis qu'ils ajoutent de l'éclat & de l'étendue au bord inférieur de l'image bleue : ce qui le fait paroître d'autant plus bas.

Les images ſont-elles élevées par la réfraction ? les phénomènes ſont inverſes. Or ces iris qui bordent conſtamment l'image des corps iſolés vus au priſme, & dont Newton ne dit pas un mot, ſont l'unique cauſe du tranſport apparent de l'une de ces images au-deſſus de l'autre. Quoiqu'au premier coup-d'œil ce phénomène ſemble tenir à la différente réfrangibilité des rayons hétérogènes, il appartient donc réellement à leur différente déviation.

Au ſurplus, les couleurs de la bande peinte en bleu & en rouge, vues à quelque diſtance,

_____

(1) Ces teintes obſcures viennent de ce que les corps bleus foncés, peu propres à réfléchir les rayons jaunes & rouges, les abſorbent en très-grand nombre ; de même que les corps rouges foncés ſont peu propres à réfléchir les rayons bleus & violets.

paroiſſent ſi ſales, ſi confuſes, qu'il eſt preſque impoſſible de les diſtinguer. Ce que l'Auteur attribue à des rayons hétérogènes mêlés
à ceux qui produiſent chacune de ces couleurs :
mais que ce phénomène ne tienne pas à cette
Exp. 4. cauſe, la preuve eſt ſans replique; *puiſqu'en
regardant à travers un priſme convenablement incliné, un plan rouge & un plan bleu, de teintes
pareilles à celles de la bande, également diviſés par
deux lignes blanches parallèles, & placés à côté l'un
de l'autre, de manière que leurs bords ſoient cachés par ceux d'un diaphragme appliqué à la dernière ſurface réfringente, & percé de deux petites
ouvertures oblongues ſur la même horiſontale, deſtinées chacune à transmettre les rayons de l'un de
ces plans, à quelque diſtance que l'œil ſoit du
priſme, tant que le priſme eſt peu éloigné des plans,
leurs parties apparentes ſe trouvent toujours entre
les mêmes parallèles, & toujours leurs teintes paroiſſent auſſi nettes qu'à vue ſimple.* Cependant
jamais le priſme ne ſeroit plus avantageuſement
placé pour faire paroître ces images plus élevées l'une que l'autre & les faire paroître confuſes, que lorſqu'il eſt éloigné de l'œil; puiſque c'eſt dans le ſeul intervalle de l'organe au
verre que les rayons hétérogènes émergens peuvent ſe ſéparer. Ainſi la différence des phénomènes ne vient pas de la différente réfraction

des rayons incidens, mais de la différente incidence des rayons réfractés.

Couronnons cette démonstration par une autre expérience aussi neuve que décisive. *Elle consiste à regarder à travers un prisme une bande de carton blanc bien éclairée, & opposée à un fond noir ; à tenir le prisme à telle distance de l'œil que les iris paroissent peu étendues, & à élever ou abaisser le bord d'une lame métallique vers la prunelle, suivant que l'objet paroît élevé ou abaissé par la réfraction* (1). *Or, à mesure que le bas de la lame métallique s'avance vers le milieu de la prunelle, on voit les iris diminuer peu-à-peu, & disparoître enfin tout-à-fait.* Puis donc que les iris peuvent être supprimées sans que l'image soit moins nettement terminée que si l'objet étoit vu à œil nud, les rayons hétérogènes

Fig. 5.

_____

(1) On conçoit que si le sommet de l'angle réfringent est tourné en haut, il faut abaisser le bord de la lame métallique, & réciproquement. Au reste l'expérience est délicate, & elle demande quelque habitude, quelques précautions. Par exemple, l'Observateur doit avoir le dos tourné vers l'endroit d'où vient le jour, le bord de la lame doit être très-peu distant de la cornée, & l'angle réfringent doit avoir quinze ou vingt degrés, quoique l'expérience puisse réussir avec un prisme quelconque.

qui les forment ne viennent nullement de la furface de l'objet, mais de fa circonférence. Et puifque les rayons venus d'un objet blanc font tous également réfractés par le prifme, il eft évident que les hétérogènes font tous également réfrangibles.

Il eft donc hors de doute que la PREMIÈRE EXPÉRIENCE de Newton eft illufoire, & que dans cette expérience notre profond Géomètre a pris le change fur la caufe des phénomènes.

Venons à fa TROISIÈME EXPÉRIENCE, celle d'où prefque toutes les autres découlent, celle qu'il ramène à chaque inftant, celle en un mot qui fait la bafe de fa doctrine.

III. EXPÉRIENCE.

Fig. 3. « Ayant introduit un faifceau de rayons » folaires dans une chambre fort obfcure par » un trou rond de quatre lignes, percé au vo- » let de croifée (dit notre Auteur), je le » fis paffer à travers un prifme de verre pur, » de manière que la réfraction les projettoit » fur le mur au fond de la chambre, où ils tra- » çoient une image colorée du foleil. En tour- » nant de part & d'autre, mais lentement, le » prifme fur fon axe, qui étoit perpendicu- » laire aux rayons, je voyois l'image monter

» & defcendre. Lorfqu'elle parut ftationnaire
» entre ces deux mouvemens oppofés, je fixai
» le prifme ; car alors les réfractions des rayons
» aux deux côtés de l'angle réfringent (c'eft-
» à-dire à leur entrée & à leur fortie) étoient
» égales entr'elles : enfuite je reçus cette image
» fur une feuille de papier blanc, perpendicu-
» laire aux rayons ; puis j'obfervai fes dimen-
» fions & fa figure. Oblongue, fans être ovale,
» elle étoit terminée affez nettement par deux
» côtés rectilignes & parallèles, mais confufé-
» ment par deux bouts femi-circulaires, où la
» lumière s'affoibliffant peu-à-peu, s'évanouif-
» foit enfin tout-à-fait. La largeur de l'image
» colorée répondoit à celle du difque folaire ;
» car à 18 pieds & $\frac{1}{2}$ du prifme elle étoit de
» 2 pouces & $\frac{1}{8}$ environ, en y comprenant la pé-
» nombre. Or, étant diminuée de tout le dia-
» mètre du trou fait au volet, c'eft-à-dire d'un
» quart de pouce, elle foutendoit au prifme un
» angle d'environ demi-degré, qui eft le diamètre
» apparent du foleil ; mais la longueur de l'image
» étoit d'environ 10 pouces & $\frac{1}{4}$, & celle des
» côtés rectilignes, d'environ 8 pouces, lorf-
» que l'angle réfringent avoit 64 degrés.
» Quand cet angle étoit plus petit, la lon-
» gueur de l'image étoit auffi plus petite,
» fa largeur demeurant la même. Si je tournois

» le prisme sur son axe, de manière à faire sor-
» tir les rayons plus obliquement de la seconde
» surface réfringente, bientôt l'image devenoit
» plus longue d'un ou deux pouces ; & elle s'ac-
» courcissoit d'autant, si je le tournois de ma-
» nière à faire tomber les rayons plus oblique-
» ment sur la première surface réfringente. Aussi
» m'appliquai-je à donner au prisme la situation
» la plus propre à rendre égales entr'elles les
» réfractions que les rayons souffroient à ses
» côtés. Celui dont je fis usage avoit quelques
» filandres qui s'étendoient d'un bout à l'autre,
» & qui dispersoient irrégulièrement une partie
» des rayons solaires, mais sans augmenter sen-
» siblement la longueur du *spectre* ; dénomination
» que je donnerai à l'image colorée : car ayant
» répété l'expérience avec d'autres prismes, les
» résultats furent uniformes; mais comme il est
» aisé de se tromper sur la situation convenable
» du prisme, je répétai quatre ou cinq fois
» l'expérience, & toujours la longueur de l'image
» se trouva telle que je l'ai marquée.... Avec
» un autre prisme d'un verre plus pur, d'un
» poli plus parfait, & dont l'angle réfringent
» étoit de 63° 30′, la longueur de l'image, à
» la même distance, se trouva environ de 10
» pouces. Il est vrai qu'à trois ou quatre lignes
» des extrémités de l'image, la lumière parois-
» soit

» soit un peu purpurine, mais cette teinte étoit
» si foible, que je l'attribuai en grande partie à
» quelques rayons irrégulièrement dispersés par
» quelque inégalité dans la matière & le poli
» du prisme : aussi ne l'ai-je pas ajoutée aux me-
» sures dont je viens de parler. Au reste, la
» différente grandeur du trou fait au volet, la
» différente épaisseur du prisme à l'endroit où
» les rayons le traversent, & les différentes incli-
» naisons de son axe à l'horison, ne produi-
» soient aucun changement sensible dans la lon-
» gueur de l'image. La différente matière des
» prismes n'y en produisoit non plus aucun :
» car avec un prisme à eau, les réfractions
» furent égales. D'ailleurs, comme les rayons
» émergeoient du verre en ligne droite, ils
» avoient tous l'inclinaison réciproque qui don-
» noit la longueur de l'image, c'est à-dire,
» une inclinaison de plus de deux degrés &
» demi. Suivant les lois connues de la Diop-
» trique, il n'étoit pourtant pas possible qu'ils
» fussent si fort inclinés l'un à l'autre. Car soient   Fig. 3.
» E G le volet ; F le trou qui donne passage
» au faisceau de rayons ; A B C le prisme
» vu par un de ses bouts ; X Y le soleil ; M N
» le papier blanc sur lequel est projetée l'image
» solaire P T, dont les côtés parallèles *v* & *w*
» sont rectilignes, & les extrémités P & T

C

» semi-circulaires. Soient auſſi Y K H P, &
» X L J T, deux rayons, dont le premier allant
» de la partie inférieure du ſoleil à la partie ſu-
» périeure de l'image, eſt réfracté par le priſme
» en K & H; & le dernier, allant de la partie
» ſupérieure du ſoleil à la partie inférieure de
» l'image, eſt réfracté en L & J. Cela poſé,
» il eſt clair que la réfraction en K étant égale
» à la réfraction en J, & que la réfraction en L
» étant égale à la réfraction en H; les réfrac-
» tions totales des rayons incidens en K & L,
» ſont égales aux réfractions totales des rayons
» émergens en H & J : d'où il ſuit, (en ajou-
» tant choſes égales à choſes égales) que les ré-
» fractions en K & H, priſes enſemble, ſont
» égales aux réfractions en J & L priſes en-
» ſemble : par conſéquent, les deux rayons
» ſuppoſés également réfractés, devroient con-
» ſerver après leur émergence, l'inclinaiſon
» qu'ils avoient avant leur incidence, c'eſt-à-
» dire, l'inclinaiſon d'un demi-degré, diamètre
» apparent du ſoleil.

» La longueur de l'image ſoutendroit donc
» au priſme un angle d'un demi-degré, elle ſeroit
» donc égale à la largeur *v w* : ainſi l'image ſe-
» roit ronde. Ce qui arriveroit infailliblement, ſi
» les deux rayons X L J T, & Y K H P, & tous
» les autres qui concourent à former l'image

» P *v* T *w*, étoient également réfrangibles. Mais
» puifqu'elle eft environ cinq fois plus longue
» que large, les rayons portés par la réfrac-
» tion à fon extrémité fupérieure P , doivent
» être plus réfrangibles que les rayons portés
» à fon extrémité inférieure T , fi toutefois leur
» inégalité de réfraction n'eft pas accidentelle.
» Or l'image P T étant rouge à fon extrémité
» fupérieure , violette à fon extrémité infé-
» rieure, & jaune, verte, bleue dans l'efpace
» intermédiaire, il fuit de-là néceffairement que
» les rayons qui different en couleur, different
» auffi en réfrangibilité » (1).

C'eft le triomphe de Newton, Meffieurs, que
l'art avec lequel il applique la Géométrie à la
Phyfique ; & rien n'égaleroit la folidité de fes
raifonnemens , s'ils portoient toujours fur des
principes bien établis. Mais ne fortons point de
notre fujet, & pour faire fentir le faux des conféquences q "'! a déduites de fa fameufe expérience , fimplifions-en l'énoncé.

D'un petit faifceau de rayons folaires tranfmis par un prifme, réfulte l'image connue fous
le nom de *fpectre*. Au lieu d'être circulaire , lorf-

(1) Nouvelle Traduction, vol. I , pag. 24-30.

que les réfractions aux furfaces de l'angle réfringent font fuppofées égales (1), cette image
eft toujours plus ou moins oblongue, fuivant
que cet angle eft plus ou moins ouvert. Mais
quelles qu'en foient les dimenfions, les couleurs dont elle eft compofée occupent conftamment des efpaces diftincts. Or l'impoffibilité,
ou plutôt la difficulté d'accorder la longueur du
fpectre ftationnaire avec les lois connues de l'Optique, détermina Newton à établir la doctrine
de l'inégale réfrangibilité des rayons hétérogènes; car leur ayant fuppofé le même angle
d'incidence, il ne vit pas comment ils pourroient
fe réfracter les uns plus que les autres, à moins
qu'ils ne fuffent plus ou moins réfrangibles.

Parmi les couleurs du fpectre, il en compta
fept principales, dont toutes les autres ne font
que des nuances graduelles. Le fpectre feroit
donc compofé d'une infinité (2) d'images circulaires du foleil, dont chacune formeroit (3)

---

(1) Jé dis, *fuppofées égales,* car l'Auteur ne démontre pas leur égalité, mais il la déduit de la fituation
où l'image fe trouve à égale diftance des points extrêmes qui la terminent, lorfqu'on tourne de part &
d'autre le prifme fur fon axe, fituation qu'il appelle im-
proprement *ftationnaire.*

(2) Voyez la Ve Expérience de l'Auteur.

(3) On n'a ceffé d'objecter contre le fyftême Newto-

Pl. 1. Pag. 54.

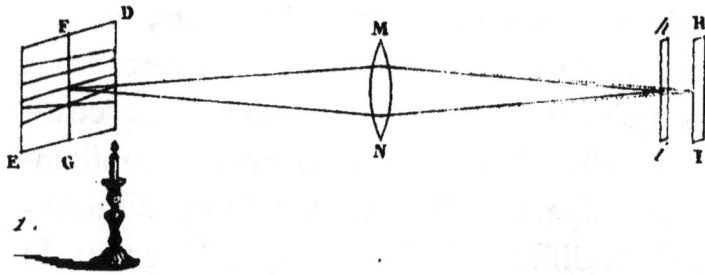

Fig. 1.

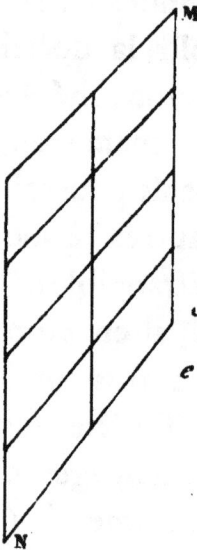

Fig. 2.

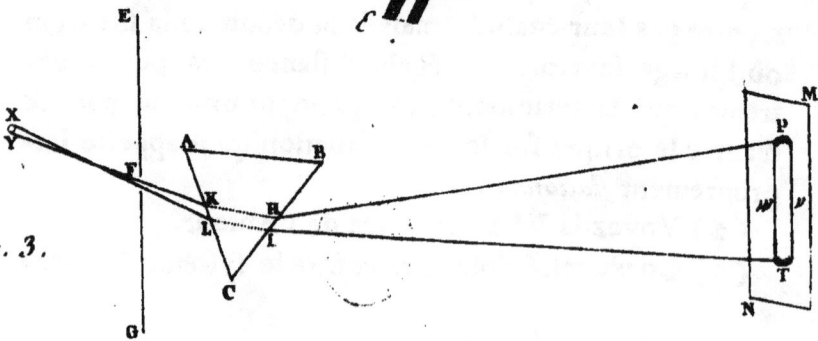

Fig. 3.

quelque nuance particulière de l'une ou l'autre de ces couleurs.

Sans doute rien de plus conféquent en apparence que le raifonnement de Newton ; mais il porte fur deux hypothèfes également fauffes : car les rayons qui forment les extrémités du fpectre ne tombent pas fur le prifme avec les directions fuppofées, & les rayons qui en forment les teintes font déjà décompofés avant leur incidence fur le prifme. Le moyen d'en douter, puifque les rayons fe dévient & fe décompofent conftamment à la circonférence de tous les corps ; ils doivent donc néceffairement fe dévier & fe décompofer au bord du trou deftiné à les introduire dans la chambre obfcure : déviation & décompofition (je le répete) que notre illuftre Auteur n'ignoroit certainement pas ; mais dont il ne tint aucun compte dans la formation du fpectre ; & c'eft-là, il faut en convenir, une inconféquence'affez fingulière du fyftéme de la différente réfrangibilité. Ainfi il eft hors de doute qu'il n'a point fait entrer dans fa démonf-

nien, que les couleurs du fpectre ne font pas tranchées ; mais on fent bien que cette objection, tant rebattue, porte à faux, puifque Newton admet pour chaque couleur une infinité de nuances.

tration plufieurs élémens effenciels : comment
donc feroit-elle jufte ?

Pour en mieux faifir les défauts, examinons
les phénomènes, & comparons ceux qu'offrent
les rayons folaires émergens du prifme à ceux
qu'ils offriroient, fi leur réfrangibilité étoit réellement différente : examen que l'Auteur auroit dû
faire, qu'il n'a point fait (1), & qui nous four-
nira contre lui une multitude d'obfervations
tranchantes, qui ont également échappé à fes
partifans & à fes adverfaires.

Me fera-t-il permis de le dire fans détours ?
Rien de moins propre à expliquer la formation
du fpectre que la doctrine de la différente réfrangibilité : loin que les phénomènes découlent de
ce principe, ils lui font diamétralement oppofés. Une affertion auffi hardie ne peut être juf-
tifiée que par des preuves fans replique : telles
font celles qui vont être mifes fous les yeux de

_____

(1) Ce n'eft qu'à *la VIIIe Propofition de la
IIe Partie du Liv. I,* qu'il entreprend de rendre raifon de
ces phénomènes. Mais ce qu'il en dit ne fauroit fatis-
faire un Obfervateur judicieux, & ne dôit pas être
confondu avec l'examen dont nous allons nous occuper.

l'Académie; & afin qu'elles foient examinées avec la plus grande rigueur, je commence par demander un redoublement d'attention.

Dans le fyftême Newtonien, le fpectre eft compofé d'autant d'images folaires dréffiemment colorées, que la lumière directe du foleil contient d'efpèces différentes de rayons (1). Ces images circulaires & de même grandeur s'y trouvent fuperpofées de façon à empiéter plus ou moins l'une fur l'autre : car leurs teintes ne font bien développées, qu'autant que les réfractions totales aux deux furfaces réfringentes font égales. Alors le fpectre eft ftationnaire, & fa longueur eft toujours proportionnelle à l'obliquité réciproque de ces furfaces. — Eft-il formé d'un faifceau de rayons projetés à vingt pieds de diftance à leur fortie d'un prifme de verre blanc, de 60 à 64 degrés ? Il doit avoir en longueur au moins cinq fois fa largeur, qui correfpond toujours au diamètre apparent du foleil.

Obfervons ici que quand le prifme fe trouve dans la pofition convenable, la longueur du fpectre varie beaucoup à mefure qu'on incline plus ou moins à l'axe des rayons émergens le plan (2) où il eft projeté : or, fi le fpectre fta-

(1) Voyez ci-après la Ve Expérience.
(2) Ce plan fait d'une planche liffe & blanchie, doit

tionnaire projeté à vingt pieds de diſtance ſur un plan perpendiculaire à l'horiſon (1) eſt à-peu-près cinq fois plus long que large ; ce n'eſt pas (comme le prétend l'Auteur), parce que les rayons hétérogènes ſont bien ſéparés , mais parce que le rayons décompoſés au bord du trou qui tranſmet leur faiſceau , tombent obliquement ſur le plan qui les reçoit. Tout ce qu'il nous dit des vraies dimenſions de la prétendue image colorée du ſoleil, eſt donc pure hypothèſe. Mais ce n'eſt-là rien encore.

Newton recommande expreſſément , pour le ſuccès de l'expérience , que les réfractions totales des rayons aux ſurfaces réfringentes ſoient égales : elles ſont néanmoins fort éloignées de

Exp. 6. l'être dans le ſpectre ſtationnaire. *Alors qu'on applique à chaque ſurface une bande de papier fort mince , le champ* (2) *des rayons émergens , comme*

---

avoir 3 pieds en longueur ſur 8 pouces en largeur , ſe mouvoir à genouil, & être porté ſur une tige coulant dans une colonne, & ſe fixant à hauteur convenable au moyen d'une vis de preſſion.

(1) Dans ce cas , l'expérience doit être faite lorſque le ſoleil approche du zénith.

(2) Alors auſſi le champ continue d'être circulaire & bordé de croiſſans colorés , à 20 pouces du priſme ; au

telui des rayons incidens , paroîtra ellyptique , &
dans tous deux le grand diamètre sera vertical à
raison de l'obliquité des surfaces. Si, tangente au bord
supérieur de la dernière , la bande se trouve perpendiculaire à l'axe (1) du faisceau ; le champ des
rayons émergens , circonscrit de larges croissans colorés , sera ellyptique , & son grand diamètre horisontal : d'où il suit que non-seulement les réfractions
totales des rayons qui forment le spectre , ne sont
pas égales : mais que les rayons des croissans supérieurs & inférieurs convergent les uns vers
les autres. La preuve est décisive : car le champ
devient circulaire , & n'est plus circonscrit que de petits croissans colorés , dès qu'on incline davantage
la première surface à l'axe du faisceau , sans néanmoins toucher au plan ; mais alors le spectre n'a guère
en longueur qu'un diamètre & demi du disque solaire.

Si la bande de papier , distante de 6 lignes , se
trouve parallèle à la dernière surface , le champ de
lumière offrira un spectre bien développé , dont la
longueur sera au moins de 12 diamètres. Les rayons
qui le forment s'entremêlent donc sur le plan où
ils sont projetés ; & c'est de leur mélange , non

Fig. 4.

Exp. 7.

Fig. 5.

Exp. 8.

Exp. 9.

Fig. 6.

lieu que dans la position recommandée par Newton , à
2 pouces du prisme , il offre un spectre tout formé.

(1) Pour que l'expérience soit bien faite , le plan ne
doit pas être, comme dans celle de l'Auteur , perpendiculaire à l'horison , mais à l'axe du faisceau émergent.

de leur féparation que viennent les teintes de l'image colorée.

Mais inclinons le prifme aux rayons incidens, comme il doit l'être pour que le champ de ceux qui émergent foit circulaire à la dernière furface réfringente ; & voyons dans quel ordre les couleurs du fpectre fe développeroient, fi le fyftème Newtonien étoit fondé.

Tant que le champ eft bien circulaire (1) , les prétendues images colorées du foleil coïncident parfaitement ; celle qui réfulte de leur réunion devroit donc conferver une blancheur parfaite : mais qu'on *applique à la dernière furface réfringente une bandelette de papier très-fin ; on appercevr des filets colorés autour du champ de lumière (2), quoiqu'il n'ait rien perdu de fa rondeur.* Phénomène diamétralement oppofé aux principes de Newton.

Lorfque le champ des rayons qui émergent

Exp. 10.

Fig. 7.

(1) Je fuppofe le trou qui fert à les introduire dans la chambre obfcure , lui-même exactement rond.

(2) Mieux que cela , fi on applique à la dernière furface réfringente , la bandelette de papier ; on verra le champ des rayons émergens circonfcrit de filets colorés très-foibles.

paroît circulaire à la dernière furface réfringente, il eft toujours ellyptique fur un plan perpendiculaire à l'axe du faifceau, quoique rappro-
ché au point d'être en contact avec le bord fupérieur de cette furface. Inclinons donc encore le
prifme aux rayons incidens, pour que ce champ
devienne circulaire, c'eft-à-dire, pour que les réfractions totales des rayons deviennent égales;
& continuons à fuivre le développement des couleurs du fpectre, d'après la doctrine de l'Auteur.

Tandis que les prétendues images colorées
du foleil coïncident, ai-je dit plus haut, le champ
formé de leur réunion doit conferver fa blancheur, il ne peut donc paroître coloré qu'autant
que ces images fe dégagent l'une de l'autre; &
alors il s'alonge néceffairement. Mais la réfrangibilité relative des rayons hétérogènes étant
déterminée fur la direction qu'ils conferveroient,
s'ils n'étoient pas réfractés par le prifme; ces
rayons doivent commencer à fe féparer au feul
côté du champ vers lequel la réfraction les porte.
Ainfi, après les avoir projetés fur le plan (1)
maintenu dans la même direction & interpofé

_____

(1) Il faut toujours entendre par ce mot un morceau de papier fin tendu fur un cadre monté à colonne,
de manière à prendre la pofition que l'on veut.

à quelques lignes du prifme ; on ne devroit appercevoir qu'un très - petit croiffant violet à l'extrémité fupérieure du champ ; par-tout ailleurs ces rayons encore confondus continue-roient à former un blanc pur , excepté à l'ex-trémité inférieure où ils formeroient un blanc fale , à raifon de la fouftraction des violets ré-

Fig. 8. putés les plus réfrangibles. D'un côté néanmoins paroît un croiffant bleu circonfcrit d'un violet ; de l'autre côté , un croiffant jaune circonfcrit d'un rouge : comme fi l'axe de leur faifceau étoit le point d'où ils s'écartent réciproquement, en vertu de leur différente réfrangibilité. Nou-veau phénomène diamétralement oppofé aux principes de Newton.

A mefure qu'on éloigne du prifme le plan où les rayons font projetés, on devroit voir les prétendues images colorées du foleil fe dégager l'une de l'autre fous la forme de croiffans. Tan-dis qu'elles coïncideroient encore, le feul croif-fant violet, à l'extrémité fupérieure du champ, paroîtroit de la couleur des rayons qui concou-rent à le former ; parce que ces rayons , étant les plus réfrangibles , feroient les feuls féparés com-plettement. Tous les autres croiffans devroient donc paroître fous des teintes étrangères , plu-fieurs efpèces de rayons s'y trouvant confondues ;

& ces teintes feroient d'autant plus foibles, plus indécifes, plus fales, qu'elles s'éloigneroient moins de la dernière image ; car alors elles réfulteroient du mélange d'un plus grand nombre de rayons hétérogènes. Quant à l'extrémité inférieure du champ, elle devroit toujours paroître d'un gris fale ou d'une teinte indécife, jufqu'au moment où les deux dernières images cefferoient de coïncider : alors feulement le croiffant rouge paroîtroit fous fa vraie couleur, fes rayons étant réputés les moins réfrangibles.

Auffi-tôt qu'une nouvelle image viendroit à fe dégager, chaque croiffant placé entre les extrêmes paroîtroit fucceffivement d'une teinte différente ; mais moins fale, moins indécife.

Enfin, après que les prétendues images colorées du foleil feroient tout-à-fait féparées, les croiffans placés entre les extrêmes, s'arrondiffant eux-mêmes peu-à-peu, pourroient être vus fous leurs vraies couleurs.

Voilà des conféquences néceffaires du fyftême Newtonien ; mais que les faits font bien loin de confirmer : car, tandis que le champ conferve prefque toute fa rondeur, à fes extrémités oppofées paroiffent à la fois des croiffans de diverfes couleurs, toutes également décidées, toutes également nettes, toutes également vives.

Lorfque le champ s'allonge, aucune de ces

couleurs ne change, mais chacune perd de fon éclat : ainfi jamais elles ne feroient plus pures que quand les rayons des images folaires, dont elles font cenfées réfulter, feroient encore tous confondus ; & loin de gagner de la netteté, quand ils fe féparent, elles perdroient toujours de leur brillant.

Enfin les réfractions prifmatiques portant tous les rayons du même côté, les plus réfrangibles & les moins réfrangibles feroient également ré-fractés, puifque les croiffans violet & rouge paroiffent à la fois, & font féparés au même inf-tant de ceux de moyenne réfrangibilité. —Incon-féquences frappantes du fyftême que j'examine ; mais pour les faire fortir encore davantage, entrons ici dans quelques détails.

On vient de voir qu'à la diftance (1) où le plan fe trouve du prifme, lorfque les croiffans rouge, jaune, bleu & violet paroiffent, le champ de lumière conferve prefque toute fa rondeur : cependant il devroit être allongé au moins de toute l'étendue de ces croiffans. Que dis-je ! de toute cette étendue, —— des rayons hétérogènes qui forment les prétendues images

---

(1) A quelques lignes.

colorées du foleil , dont ces croiffans font fuppofés faire partie , les plus réfrangibles au fortir
du prifme s'éloignent progreffivement des moins
réfrangibles ; à raifon de leurs degrés refpectifs
de réfrangibilité. Ainfi aucune image ne pourroit fe dégager à l'une des extrémités du fpectre,
que proportionnellement à l'excès de réfrangibilité de fes rayons fur ceux d'une autre image.
On ne devroit donc commencer à voir paroître
le croiffant jaune, que lorfque le champ de lumière auroit une longueur prodigieufe. Car fi
aucune teinte du fpectre n'eft pure qu'autant que
fes rayons font bien féparés des autres, ce
croiffant ne pourroit fe montrer fous fa vraie
couleur, qu'après que toutes les images violettes,
toutes les images indigo, toutes les images
bleues, & toutes les images vertes feroient entièrement féparées ; c'eft-à-dire lorfque le champ
de lumière auroit en longueur au moins quatre
mille fois fon diamètre , même en bornant à
mille pour chaque couleur principale le nombre
de fes nuances réputées infinies. C'eft là une
fuite néceffaire des rapports de réfrangibilité
que Newton lui-même a fixés. On demandera
fans doute avec furprife comment des conféquences auffi fimples ont échappé à ce profond
Géomètre : mais l'étonnement redouble, lorfqu'on pouffe l'examen jufqu'au bout.

Selon lui, le ſpectre eſt compoſé d'images circulaires égales en diamètre, différentes en couleur, ſuperpoſées, mais empiétant plus ou
moins l'une ſur l'autre. Or ſi on examine le champ
des rayons projetés ſur un plan, à quelques
lignes du priſme, le haut paroîtra immédiatement circonſcrit d'un croiſſant bleu adoſſé à un
violet ; le bas, d'un croiſſant jaune adoſſé à un
rouge. Mais puiſque ce champ n'a preſque rien
perdu de ſa rondeur, le croiſſant jaune ſeroit
ſuperpoſé ſur l'image rouge : de même que le
croiſſant bleu ſeroit ſuperpoſé ſur l'image violette : comment donc le jaune n'eſt-il pas orangé, & comment le bleu n'eſt-il pas indigo ? car
dans tous ces points leurs rayons ſe confondent
néceſſairement. Quoi ! ces rayons ſeroient
encore tous confondus, & ils produiroient des
teintes brillantes & pures, des teintes entièrement différentes de celles qui devroient réſulter
de leur mélange ? L'inconſéquence ſaute aux
yeux.

Juſqu'ici le plan a été interpoſé fort près du
priſme : éloignez-le peu-à-peu ; vous verrez les
croiſſans violet, bleu, jaune & rouge s'étendre
par degrés ; puis du mélange des ſupérieurs réſulter

sulter un croissant orangé. Phénomène doublement opposé aux principes de l'Auteur : car,
non-seulement le croissant indigo ne devroit pas
provenir d'un mélange du bleu & du violet,
comme l'orangé ne devroit pas provenir d'un mélange du jaune & du rouge, puisque les rayons indigos & orangés sont réputés primitifs; mais les
rayons bleus ne devroient pas paroître avant
les indigos, puisqu'ils sont réputés moins réfrangibles.

En éloignant un peu le plan, on voit les
croissans bleu & jaune s'étendre, devenir
contigus, & faire disparoître la blancheur de
l'espace intermédiaire. Or par quelle bizarre
inconséquence ces croissans auroient-ils au milieu
du champ des teintes pures, tandis que leurs
rayons respectifs seroient encore confondus avec
ceux de toutes les autres teintes du spectre ?
car à ce point (1) le champ de lumière cesse
à peine d'être circulaire.

En continuant d'éloigner le plan, les rayons
des croissans bleu & jaune se mêlent, & de
leur mélange résulte une teinte verte. Phénomène
triplement opposé aux principes de l'Auteur ;
car dès que cette teinte résulte du mélange
de ces deux croissans, les rayons verts ne

_____

(1) A 15 ou 16 pouces du prisme.

D

font certainement pas primitifs. Mais à les fuppofer tels, il eſt manifeſte, d'après leur prétendu degré de réfrangibilité, qu'ils ne paroitroient pas les derniers, & long-temps après les jaunes, les orangés & les rouges, réputés beaucoup moins réfrangibles. Ils ne devroient pas non plus paroître au milieu du champ de lumière, & fous la forme d'un ovale, mais fous la forme d'un croiſſant adoſſé au bleu. Enfin d'après l'hypothèfe gratuite & contradictoire que la réfraction écarte également de l'axe du faiſceau folaire & les moins réfrangibles & les plus réfrangibles, l'image verte ou plûtot les images vertes ne fauroient paroître fous leur vraie couleur au milieu du champ, à moins qu'elles ne s'y trouvent feules, c'eſt-à-dire que toutes les images bleues & jaunes ne foient aſſez bien féparées pour laiſſer cet eſpace à découvert ; ce qui fuppofe le champ de lumière extrêmement long : au lieu que la teinte verte commence à paroître avant qu'il ait un diamètre & demi en longueur.

Le fpectre eſt-il formé ? —— à mefure qu'on éloigne le plan où font projetés les rayons, on le voit s'étendre en longueur & en largeur ; mais fes teintes paroiſſent toujours de moins en moins brillantes & diſtinctes. Phénomène inconcevable dans le fyftême de l'Auteur : parce que les rayons hétérogènes devroient fe féparer de plus en plus, à mefure qu'ils fe prolongent. Ces teintes ne feroient donc jamais moins pures, que lorfque ces rayons feroient le plus féparés.

Une autre inconféquence non moins frappante, c'eft que l'intenfité des nuances ne fuit pas le même ordre dans toutes les couleurs du fpectre. Plus fortes vers fes extrémités, elles vont en s'affoibliffant vers fon milieu. Ainfi à comparer les rayons refpectifs des différentes nuances de la même couleur, les plus réfrangibles des violets, des indigos & des bleus, feroient les plus foncés : au lieu que les plus réfrangibles des jaunes, des orangés & des rouges feroient les moins foncés : tandis que les verts, tous de la même intenfité., feroient également réfrangibles, comme s'ils étoient le terme où commence la décompofition du faifceau.

Obfervons que les teintes des extrémités du fpectre font conftamment purpurines ; teintes que l'Auteur attribue à des rayons hétérogènes irrégulièrement difperfés par quelques inégalités dans le verre ou le poli : comme fi tous les prifmes avoient précifément les mêmes défauts, comme fi des caufes accidentelles pouvoient produire des effets conftans.

Enfin en projetant au loin le ſpectre, on devroit voir ſe ſéparer les prétendues images colorées du ſoleil : ce qui pourtant n'arrive jamais, à quelque diſtance qu'il ſoit projeté.

Ainſi la doctrine de l'Auteur ſur la formation du ſpectre ne s'accorde avec les phénomènes, ni à l'égard des couleurs ſous leſquelles paroiſſent les prétendues images colorées du ſoleil, ni à l'égard du temps où elles ſe dégagent, ni à l'égard de l'ordre qu'elles obſervent. Cette doctrine eſt donc en tous points démentie par les faits.

Les preuves que nous venons de déduire contre le ſyſtême de la différente réfrangibilité ſont déciſives aſſurément : il en eſt toutefois de plus victorieuſes.

On a vu que les rayons immédiats du ſoleil, encore tous confondus à leur émergence du priſme, devroient former un champ parfaitement circulaire, parfaitement acolore : & quoique les bords puiſſent paroître colorés, auſſi-tôt qu'ils ne ſont plus illuminés par tous les rayons hétérogènes à la fois, les couleurs du ſpectre ne devroient paroître avec netteté dans ce champ, que lorſque ſa longueur excéderoit au moins ſept mille fois (1) ſa largeur; c'eſt-à-

_____

(1) Je borne encore ici à mille le nombre infini des

dire lorfque chacune des prétendues images folaires feroit bien féparée ; au lieu que toutes
ces couleurs y paroiffent avant qu'il ait un diamètre & demi en longueur. Ce qui s'obferve au
mieux lorfque l'angle réfringent n'a que 15
degrés d'ouverture : alors les rayons projetés
à 25 ou 30 pieds , forment un champ de lumière
verdâtre (1), circonfcrit de croiffans de différentes
couleurs. Dans ce cas, le fpectre fe trouve
formé au-dedans du champ : phénomène impoffible à concevoir dans les principes de l'Auteur.

Fig. 9.

Venons, Meffieurs, à la preuve la plus ir-
réfiftible. Il eft de fait que la longueur du

---

nuances de chaque couleur prétendue primitive ; & l'on
voit que ce calcul eft modéré.

(1) L'Auteur attribue quelque part (VIIIe Prop.
de la II Part. du Liv. I) cette teinte à la couleur naturelle
des rayons folaires ; mais fans raifon , puifque ces
rayons à leur émergence du prifme forment un champ
d'une blancheur éblouiffante , lorfqu'on les projete fur
un plan blanchi: cette teinte eft donc produite par leur
décompofition. D'ailleurs , dans l'hypothèfe de l'Auteur , la teinte jaune ne pourroit jamais occuper le
milieu du champ , parce que les rayons y font encore
mêlés aux bleus & aux verts : leur mélange y produi-
roit donc une teinte verte.

D 2

spectre dépend de l'inclinaison des surfaces réfringentes aux rayons incidens. Lorsqu'il est stationnaire, & parfaitement développé ; si on augmente peu-à-peu l'inclinaison de la première surface jusqu'à ce que les réfractions totales des rayon soient égales, il s'accourcira par degrés au point de paroître circulaire : cependant ses teintes, loin de se confondre, n'en seront que plus vives. En continuant à augmenter l'inclinaison de la première surface, il s'accourcit toujours de plus en plus, sa longueur devient un peu moindre que sa largeur, & ses teintes

Exp. 11. ont encore plus d'intensité. *Enfin lorsqu'il est stationnaire, & que toutes ses teintes sont le mieux développées, si, à quelques lignes du prisme, on reçoit sur un plan les rayons qui émergent, leur champ offrira toutes ces teintes, & pourtant il est ellyptique,*

Fig. 10. *sa longueur étant devenue moindre que sa largeur.* Phénomène impossible à, concevoir dans les principes de l'Auteur, & qu: ⌐roit pour renverser le système de la di. . réfrangibilité : car comment imaginer que toutes les prétendues images colorées du soleil puissent être séparées dans un espace moins étendu que le di mètre d'une seule de ces images ?

A ces phénomènes on peut ajouter les phénomènes inverses.

Pl. II. Pag. 54.

Fig. 4.

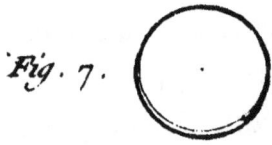

Fig. 7.

Fig. 5.

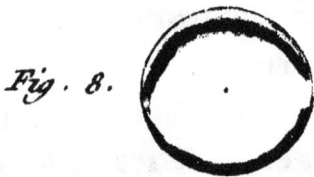

Fig. 8.

Fig. 6.

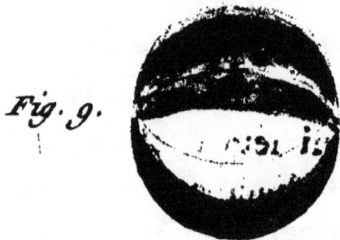

Fig. 9.

Fig. 10.

Si le spectre s'accourcit à mesure que les
rayons tombent plus obliquement sur la première surface réfringente ; il s'allonge à mesure
qu'ils y tombent moins obliquement.

Parvenu à sa plus grande longueur, pour peu   Exp. 12.
que l'obliquité diminue encore, ses teintes dis-
paroissent tour-à-tour ; d'abord la violette, puis
l'indigo, puis la bleue, puis la verte, puis la jaune,
puis l'orangée, enfin la rouge. Lorsque la violette,
l'indigo & la bleue ont disparu, il paroît avoir à-
peu-près les mêmes dimensions : lorsque la verte dis-
paroît, il perd beaucoup de sa longueur ; mais il
en conserve près de la moitié, lorsque la rouge
reste seule (1).

Or comment le prisme cesseroit-il, à telle inclinaison de ses surfaces, de transmettre les
rayons bleus, indigos & violets ; à telle autre
inclinaison, les rayons violets, indigos, bleus
& verts ; enfin à telle autre inclinaison, tous les

---

(1) *Quand le spectre est formé par un prisme entière-*   Exp. 13.
ment exposé au soleil ; les phénomènes sont identiques, à
cela près que les rayons des teintes supérieures se croisent ;
comme on s'en assure, en les faisant passer par un dia-
phragme. N'omettons pas ici cette circonstance frappante,
que les rayons de chaque teinte transmis par un trou rond,
forment un champ quarré long, sur le plan où on les pro-
jette. Preuve irrésistible que ces teintes ne résultent pas
d'images solaires superposées.

D 4

rayons excepté les rouges ; & cela dans le temps même que le champ de ceux qui font réfléchis à la dernière furface réfringente eft acolore ?

Il faut en convenir, ces phénomènes font inconcevables dans le fyftême de. la différente réfrangibilité ; & d'autant plus inconcevables, que les rayons qui produifent chacune des teintes du fpectre émergent du prifme tous féparés, *comme on le voit aux grains de pouffiere qui fe trouvent à fa fuperficie ; car ces grains prennent fucceffivement la teinte des rayons tranfmis.* Vous voyez, Meffieurs, que les premières notions de Géométrie, l'art d'analyfer les faits & une faine dialectique, fuffifent pour démontrer que le fyftême de la différente réfrangibilité ne rend pas raifon de la formation du fpectre : ce que Newton lui-même auroit mieux fenti que perfonne, s'il avoit pris la peine d'en déduire les conféquences, & de les comparer aux phénomènes.

De tant de faits diamétralement oppofés à fes principes, il réfulte que le fpectre n'eft pas formé d'une infinité d'images folaires égales en diamètre & différentes en couleur, fuperpofées de façon à empiéter plus ou moins les unes fur les autres ; que la lumière immédiate du foleil n'eft pas compofée d'autant d'efpèces différentes de rayons qu'il le prétend , que cette lumière ne fe décompofe pas en fe réfraɛtant aux fur- faces du prifme , & que les rayons hétérogènes ne font pas différemment réfrangibles. Il eſt donc démontré que fa TROISIÈME EXPÉRIENCE eſt complettement illufoire.

Examinons celles qui fuivent.

IV. EXPÉRIENCE.

« Ayant fait tomber le faifceau folaire , in-
» troduit dans la chambre obfcure , fur un prifme
» placé à quelques pieds du volet , de manière
» que l'axe fût perpendiculaire aux rayons ,
» Newton regarda au travers du prifme , en le
» tournant de part & d'autre fur fon axe pour
» rendre ftationnaire l'image du trou , afin que
» les réfraɛtions aux deux côtés de l'angle ré-
» fringent fuffent égales entr'elles. En exami-
» nant cette image , il obferva que la longueur
» furpaffoit de beaucoup la largeúr , & il trouva
» que la partie la plus élevée étoit violette ,
» que la moins élevée étoit rouge , & que les
» parties intermédiaires étoient bleue , verte ,
» jaune.

» Les mêmes phénomènes reparurent lorf-
» qu'ayant porté le prifme à l'œil , il regarda
» le ciel par le trou. Or il prétend que fi les

» rayons étoient régulièrement réfractés fuivant
» certain rapport entre les finus d'incidence &
» de réfraction, comme on le fuppofoit com-
» munément, l'image réfractée feroit ronde. D'où
» il conclut qu'à incidences égales, ces rayons
» fe rompent très-inégalement (1) ».

Quant au fonds, cette expérience variée rentre
dans la précédente dont elle a tous les défauts :
mais elle a auffi des défauts particuliers, fur
lefquels je ferai quelques obfervations.

Il eft malheureux, & encore plus étrange,
que Newton ait toujours choifi pour obferver
le jeu de la lumière, des points de vue qui ne
lui permettoient pas de s'appercevoir de l'illufion
des phénomènes. Car au lieu de placer le prifme
à quelques pieds du volet dans la *IVe Expérience*, s'il l'eût placé à quelques lignes comme
dans *la IIIe*, ou plutôt après s'être placé
à quelques pieds du volet pour regarder une
petite portion de la voûte azurée (2) à travers
le prifme appliqué contre l'œil, s'il s'en fût ap-
proché peu-à-peu jufqu'à la diftance de quelques lignes, les rayons tranfmis ne lui auroient

_____

(1) Nouvelle Traduction, pag. 30 & 31.
(2) On verra bientôt pourquoi je préfère les rayons
réfléchis aux rayons immédiats.

pas long-temps offert le phénomène d'où il eſt
paiti, comme d'un fait ſimple & conſtant, pour
établir la doctrine de la différente réfrangibilité.
Sans doute, lorſqu'à cinq ou ſix pieds du volet   Exp. 14.
on regarde à travers un priſme convenablement in-
cliné, le trou qui donne paſſage aux rayons, on
a une image parfaite du ſpectre : mais à meſure
qu'on s'approche, cette image s'accourcit ; ſes bandes
s'affoibliſſent, ſe rétréciſſent, changent de forme ; bien-
tôt la verte diſparoît, déjà la bleue eſt contiguë
à la jaune, puis elles ſont ſéparées par un petit
champ de lumière acolore. Ce champ s'étend peu-à-
peu à meſure qu'elles continuent à ſe rétrécir ; enfin
elles ne forment plus que des croiſſans très-étroits.
Alors on voit diſtinctement le trou qui donne paſ-
ſage aux rayons, circonſcrit de filets colorés.

Si pour former le ſpectre, les rayons de lumière réfléchis par le ciel ſe décompoſoient en
vertu de la différente réfrangibilité des hétérogènes ; pourquoi ne ſe décompoſeroient-ils
pas lorſqu'ils tombent ſur le priſme à quelques
lignes du trou fait au volet, comme ils ſe décompoſent lorſqu'ils tombent à quelques pieds ?
car aſſurément leur réfrangibilité ne change
pas avec la longueur du faiſceau tranſmis par
ce trou. Peſez cette objection, Meſſieurs, je
vous ſupplie, & j'oſe croire que vous la trouverez inſoluble.

Exp. 15. Il y a plus. *Qu'on applique le prisme contre le trou, les filets colorés dont il est circonscrit disparoîtront à l'instant. Qu'on s'éloigne ensuite peu-à-peu du prisme jusqu'à la distance de 20, 30, 40 pieds, &c. on ne verra qu'une très-petite portion de la voûte azurée, mais parfaitement circulaire & parfaitement exempte d'iris.* Or observez que si les rayons hétérogènes étoient différemment réfrangibles, jamais ils ne seroient mieux séparés par le prisme, que lorsque sa distance à l'œil devient considérable : on devroit donc voir alors un spectre beaucoup plus étendu que dans l'expérience Newtonienne.

Voici des preuves plus tranchantes encore.

On aura sans doute été surpris que je n'aie pas opposé à Newton les résultats variés de son expérience faite sur les rayons immédiats du soleil. On en sentira la raison, si on considère que tous les corps sont environnés d'une zone de lumière décomposée. Or le soleil étant à une distance prodigieuse, vu à travers un prisme, il doit toujours offrir l'image du spectre ; parce que les rayons qui forment cette zone tombent sur des points de la première surface réfringente fort éloignés de ceux où tombent les rayons réfléchis par les bords du disque solaire.

Il en seroit de même de tout autre objet lumineux vu dans l'éloignement. Mais *qu'à douze* *ou quinze pas on place une bougie allumée , & qu'on s'en approche peu-à-peu en la regardant à travers un prisme ; on observera que le spectre se décompose constamment à mesure que la distance diminue , & qu'il disparoît enfin totalement dès que la distance devient très-petite.*

Exp. 16.

Mettons à cette preuve le sceau de l'évidence.

Qu'on place la bougie allumée à six lignes de distance derrière un très-gros prisme à eau, de 70 à 75° ; l'œil, placé à quelques pouces de l'autre côté, verra la flamme aussi distinctement que si le prisme n'étoit pas interposé.

Exp. 17.

Qu'on éloigne la bougie de 10 à 12 pouces, la flamme paroîtra liférée de petites iris : mais ces iris n'augmenteront point à mesure que l'œil s'éloignera.

Exp. 18.

Si on substitue à la flamme un disque de papier blanc ; les résultats seront semblables. Or tous ces phénomènes sont inconcevables dans le système de la différente réfrangibilité : puisque les rayons hétérogènes devroient nécessairement se séparer en parcourant l'intervalle du prisme à l'œil, si tant est qu'ils soient différemment réfrangibles. Mais *si on continue à éloigner l'ob-jet, à quelque distance que soit l'œil, les iris s'étendront toujours davantage, & leurs teintes of-friront enfin l'image du spectre.* Ces teintes vien-

Exp. 19.

Exp. 20.

nent donc de la lumière (1) décompofée avant
fon incidence fur le prifme ; car leur augmentation, à mefure que l'objet s'éloigne, ne peut
réfulter que de la différente incidence des rayons.
Et à quoi attribuer ces iris qu'aux rayons déviés
& décompofés à la circonférence de la flamme,
rayons toujours d'autant plus écartés les uns des
autres & de ceux des bords de l'objet, qu'ils fe
prolongent plus au loin.

Enfin ces iris peuvent être fupprimées par la
méthode indiquée à l'article de la PREMIÈRE
EXPÉRIENCE ; il eft donc indubitable qu'elles ne
tiennent point aux réfractions prifmatiques.

Mais ne quittons point encore l'expérience
de notre Auteur, & démontrons que les phénomènes ne découlent point de fes principes,
qu'ils lui font même diamétralement oppofés.

Ayant reçu le faifceau folaire à 15 pieds du
volet fur un gros prifme équiangle, placez l'œil
à 15 pouces de l'autre côté ; vous aurez l'image
du fpectre. Or, dans le fyftéme Newtonien, les
rayons hétérogènes fe féparant à leur émergence du prifme deviennent bientôt très-divergens : écartés de la forte & bien féparés, ceux
qui produifent le fpectre ne peuvent donc pas

_____

(1) Je développerai en grand ce phénomène dans
ma Théorie des lunettes achromatiques.

entrer à la fois dans l'œil ; & toujours d'autant moins qu'ils se prolongent à une plus grande distance : comment donc y formeroient-ils cette image entière ?

Ce n'est pas tout : *mesurez au prisme, convenablement incliné, la longueur de l'image ; vous trouverez qu'elle s'étend sur toute la hauteur de la première face de l'angle réfringent. Au moyen d'une carte interposée, rien de plus aisé que d'intercepter séparément à cette face les rayons de chacune des teintes du spectre : la lumière solaire tombe donc toute décomposée sur le prisme. Non seulement cela : mais les rayons hétérogènes y tombent très-divergens, & ils en sortent très-convergens, puisqu'ils concourent au centre de la prunelle.* Phénomènes triplement opposés à l'hypothèse de la différente réfrangibilité ; car dans cette hypothèse la lumière solaire n'est pas décomposée avant son incidence sur le prisme, & les rayons hétérogènes y tombent parallèles, & en sortent très-divergens.

Exp. 21.

J'ai observé au commencement de l'article, que la QUATRIÈME EXPÉRIENCE rentre dans la TROISIÈME quant au fonds ; & cela est évident, puisqu'elles offrent l'une & l'autre un phénomène commun : elle ne prouve donc rien en faveur de la différente réfrangibilité prétendue des rayons hétérogènes, ou plutôt elle la dément.

Il me feroit facile, Meffieurs, d'en donner de nouvelles preuves, fi celles que je viens de déduire n'étoient plus que fuffifantes pour faire voir à quel point cette expérience eft illufoire (1).

V. EXPÉRIENCE.

Après avoir effayé de prouver par les deux dernières qu'à incidences égales les rayons, qui forment l'image colorée, fe réfractent inégalement ; il démontre dans celle-ci (2) que cette inégalité de réfraction ne vient pas de ce que chaque rayon feroit fendu & divifé en plufieurs, comme le fuppofoit Grimaldi. Je me difpenferois d'entrer dans l'examen de fa démonftration, qui porte fur un point que je ne difputerai certainement pas, n'étoit qu'on y trouve quelques erreurs qu'il eft bon de relever.

---

(1) Dans cette expérience, c'eft toujours l'impoffibilité d'expliquer l'excès de longueurde l'image colorée, qui le porta à inférer que les rayons hétérogènes font différemment réfrangibles. Mais ce phénomène, qui embarraffoit fi fort notre illuftre Auteur, s'explique de lui-même par la différente obliquité des rayons hétérogènes qui tombent fur le prifme, après s'être différemment déviés à la circonférence de l'objet lumineux ou à celle du trou qui leur donne paffage.

(2) Nouvelle Traduction, vol. 1 , pag. 32-41.

« Si

« Si dans la TROISIÈME EXPÉRIENCE , (dit
» Newton) l'image du foleil réfractée par un
» prifme avoit pris une forme oblongue en vertu
» de la dilatation de chaque rayon ou de quelque
» caufe accidentelle ; cette image , de nouveau
» réfractée latéralement par un fecond prifme,
» placé après le premier de manière que leurs
» axes fe coupent à angles droits , devroit
» s'étendre en largeur dans la même proportion.
» Cependant la largeur de l'image n'augmente
» point ; mais les rayons de la partie violette
» paroiffent fouffrir dans ces deux prifmes de
» plus grandes réfractions que les rayons de la
» partie rouge.

Fig. II.

» Ayant mis un troifième prifme après le fe-
» cond , & un quatrième après le troifième, pour
» que les rayons de l'image puffent être réfractés
» plufieurs fois latéralement, les mêmes réful-
» tats eurent lieu. Ainfi , après avoir fuppofé
» qu'à incidences égales les rayons hétérogènes
» qui éprouvent une plus ou moins grande ré-
» fraction dans un prifme , éprouvent une ré-
» fraction proportionnelle dans tous les autres ,
» il infère que c'eft à jufte titre que ces rayons
» conftans à être plus réfractés que les autres ,
» font réputés plus réfrangibles » (I).

(I) Nouvelle Traduction, pag. 32-41.

E

Obſervez, Meſſieurs, que Newton ſuppoſe les rayons ſolaires parallèles, & les rayons hétérogènes également inclinés aux ſurfaces réfringentes : hypothéſes dont nous avons démontré la fauſſeté par des preuves invincib es ; le moyen que les conſéquences qu'il en tire ſoient juſtes. Mais ſi ces rayons paroiſſent plus ou moins réfraďés, ce n'eſt pas qu'ils ſoient plus ou moins réfrangibles, c'eſt qu'ils ſont plus ou moins déviés à la circonférence du trou qui leur donne paſſage ; ils tombent donc avec des directions différentes ſur le premier priſme, conſéquemment ſur tous les autres. Principe inconteſtable, auquel nous aurons ſouvent occaſion de revenir.

L'Auteur ſuppoſe toujours le ſpeďre produit par une ſuite innombrable d'images ſolaires, rondes & de différentes couleurs, placées à la file, ou plutôt ſuperpoſées ſuivant l'ordre de la réfrangibilité de leurs rayons reſpeďifs. Mais on a vu plus haut ce qu'il faut en penſer.

Le ſpeďre réfraďé latéralement par un ſecond priſme, prend une ſituation oblique. Si vous demandez pourquoi cela ; on vous répondra, « parce » que le diſque violet (1) A G eſt tranſporté en » a g par une plus grande réfraďion, le diſque

Fig. 12.

_____

(1) Diſque ou image ſolaire.

» vert B H en *b h* par une p!us petite réfrac-
» tion, & le difque rouge C I en *c i* par une ré-
» fraction plus petite encore ».

Je ne rappellerai pas ici que les rayons de ces
prétendus difques, tombant fur le fecond prifme
avec des directions différentes, doivent néceffairement en émerger fous différentes directions.
Comme par la nature du Programme de l'Académie, il s'agit moins de déterminer les vraies
caufes des phénomènes, que de pefer celles que
notre Auteur leur affigne ; je me bornerai à
quelques obfervations nouvelles, très-propres
à mettre en évidence la fauffeté de l'explication
qu'il donne de celui qui nous occupe : car dans
fon hypothèfe, que la première image perpendiculaire devienne oblique, en fe réfractant par
un fecond prifme interpofé après le premier ou
appliqué contre l'œil, la caufe du phénomène
eft identique. Or, ce qui eût fans doute bien
étonné Newton, & ce qui étonnera bien davantage fes partifans ; c'eft que l'IMAGE RÉFRACTÉE
LATÉRALEMENT PAR LE SECOND PRISME AP-
PLIQUÉ CONTRE L'ŒIL NE FORME PAS UNE
DROITE, MAIS UNE COURBE. Cela s'obferve toujours mieux de près que de loin, fur-tout fi on
la regarde obliquement (1) ; & toujours d'autant

---

(1) C'eft-à-dire, en approchant l'œil de la bafe de

mieux qu'elle eft plus longue, ou qu'elle le paroît par l'inclinaifon du plan qui la réfléchit. Sa courbure devient même fort confidérable (1), quand on réuflit à rendre fa longueur de fept à huit pieds. Au refte ce qui ne peut être fait commodément par une feule image, peut l'être par plu-

Exp. 22. fieurs. *Lors donc, qu'après avoir projeté fix fpectres bout à bout fur un plan perpendiculaire à une ligne horifontale qui féparerait les trois fupérieurs des trois inférieurs ; fi à 5 pieds de diftance, on les regarde à travers un prifme parallèle au plan, de manière que cette horifontale devienne axe vifuel ;*

Fig. 13. *on verra ces fpectres décrire un arc de cercle, toujours d'autant plus confidérable que l'angle réfringent fera plus ouvert* (2). Cet arc eft divifé en deux fegmens égaux par l'axe vifuel : or dans le

---

l'angle réfringent, & en regardant l'objet à travers les parties près le fommet.

(1) Elle ne laiffe pas d'être frappante, en regardant le fpectre projeté fur un plan vertical peu éloigné, de manière que cette image paroiffe longue de 24 à 30 pouces ; fi le plan eft affez oblique pour qu'elle ait 6 à 7 pieds, elle paroîtra former un demi-cercle. Mais dans les deux cas, il importe que l'axe vifuel correfponde au milieu de l'image.

(2) Lorfque les fpectres ne font pas exactement bout à bout, l'arc de cercle qu'ils paroiffent former n'eft ni régulier, ni continu.

fyftême de l'Auteur, les rayons aux extrémités de l'arc font les plus réfractés, conféquemment les plus réfrangibles ; tandis que les autres font toujours d'autant moins réfractés qu'ils s'en éloignent davantage, c'eft à-dire, qu'ils s'approchent de cet axe. Ainfi les violets du premier des fpectres fupérieurs & les rouges du dernier des fpectres inférieurs feroient les plus réfrangibles de tous : mais les uns & les autres le feroient au même point ; car leurs teintes, ou, fi l'on veut, leurs prétendus difques refpectifs fe trouvent chacun à égale diftance de l'axe vifuel. Propofitions contradictoires qui fe détruifent réciproquement.

Ce qui a lieu pour les deux fpectres aux extrémités de l'arc, a lieu pareillement pour les fpectres intermédiaires : dans chacun les rayons correfpondans qui font réputés fouffrir à l'un des fegmens les plus grandes réfractions, doivent donc être réputés fouffrir à l'autre fegment les réfractions les plus petites. Nouvelles propofitions contradictoires qui fe détruifent réciproquement. Convenez donc, trop zélés partifans du fyftême Newtonien, que les rayons hétérogènes font tous également réfrangibles, ou répondez à ce dilemme.

· Mais ils ont bien d'autres contradictions à dévorer. Obfervez, Meffieurs, qu'à raifon de la

diftance refpeƈtive des rayons à l'axe vifuel,
ceux du fpeƈtre qui fe trouve au milieu de
chaque fegment feroient à la fois plus réfrangibles & moins réfrangibles que les rayons correfpondans des fpeƈtres contigus de part & d'autre.
Ainfi les violets feroient en même temps les
plus réfrangibles & les moins réfrangibles de
tous. J'en dis autant des rouges. Tandis que les
rayons hétérogènes de chaque fegment feroient
tour-à-tour plus réfrangibles & moins réfrangibles les uns que les autres ; les homogènes
correfpondans de chaque fegment feroient donc
auffi à la fois plus réfrangibles & moins réfrangibles les uns que les autres, c'eft-à-dire plus
réfrangibles & moins réfrangibles qu'eux-mêmes.

A quelles conféquences conduit ce fyftême !
Il a dû féduire des Phyficiens peu faits pour l'approfondir, je le fens : mais pourroit-il encore en
impofer à des obfervateurs judicieux ? Quoi qu'il
en foit, j'ai trop haute idée du grand Homme
dont je réfute ici quelques opinions, pour croire
qu'il ne les eût pas abandonnées lui-même, à
la vue des premiers réfultats contradiƈtoires
de fes expériences variées, fans qu'il eût été
befoin de les cumuler fous fes yeux.

Au refte, lorfqu'on regarde les fpeƈtres à
certaine diftance, l'arc de cercle qu'ils paroif-

sent former n'est ni continu ni régulier : mais
de près ou de loin, leurs bandes colorées cessent d'être parallèles & horisontales pour devenir obliques entr'elles & à l'horison : ce
qui n'a pas moins lieu, lorsqu'un seul spectre
est réfracté latéralement par un second prisme.

Fig. 13.

Je pourrois sans doute me dispenser à présent
de passer à l'examen des autres expériences capitales sur lesquelles porte le système de la
différente réfrangibilité : j'y jeterai néanmoins un
coup d'œil, par égard pour son sublime Auteur.

VI. EXPÉRIENCE.

Elle consiste à faire passer à travers un prisme
un gros faisceau de rayons solaires de manière
à former le spectre ; à élever verticalement proche
du prisme une planche percée d'un trou de 4 lignes
en diamètre, destiné à transmettre partie de
la lumière réfractée ; à élever à douze pieds de
distance une seconde planche percée d'un pareil trou, afin de ne laisser passer qu'une partie de la lumière transmise par la première ;
& à fixer un autre prisme derrière ce trou
pour réfracter les rayons transmis. Tout étant
disposé de la sorte, Newton revint promptement au premier prisme, & le tournant de part
& d'autre sur son axe, il fit successivement pas-

Fig. 14.

fer par le fecond les rayons de chaque couleur du fpectre ; alors il marqua fur le mur oppofé les endroits où les rayons tomboient, & il trouva conftamment que les bleus qui avoient fouffert la plus grande réfraction dans le premier prifme, fouffroient auffi la plus grande réfraction dans le fecond ; ainfi des autres efpèces. Or il obferve que les planches & le fecond prifme *étant immobiles, l'incidence des rayons hétérogènes fur le dernier prifme devoit être la même dans tous ces cas.* D'où il conclut que ces rayons, « qui à incidences » égales font conftans à être le plus réfractés, » peuvent à jufte titre être réputés les plus ré- » frangibles ». (1)

Cette démonftration porte fur une hypothèfe évidemment fauffe ; car Newton attribue aux rayons hétérogènes une incidence commune fur chaque prifme, fans jamais tenir compte de leur déviation à la circonférence du trou deftiné à les introduire dans la chambre obfcure : erreur capitale que nous ne cefferons de relever, puifqu'elle revient dans tous fes raifonnemens.

Mais arrêtons-nous ici à examiner comment

---

(1) Nouvelle Traduction, pag. 41-42.

il prouve la prétendue égalité de l'angle d'incidence des rayons hétérogènes fur le fecond
prifme. D'abord il fuppofe les rayons folaires parallèles entr'eux à leur entrée dans la chambre obfcure, & les rayons hétérogènes encore unis avant
de tomber fur le premier prifme : ce qui n'eft pas
très certainement. Puis il raifonne ainfi : des rayons
parallèles, plus ou moins réfractés les uns que les
autres par un prifme, deviennent divergens. Divergeant du même point, puifqu'ils font fuppofés
tous réunis dans chaque rayon immédiat du
foleil, ils fe prolongent en lignes droites : leurs
directions feront donc les mêmes, fi on fait
en forte qu'ils aient deux points communs pris
à volonté fur leur longueur. Pour y parvenir,
que fait Newton ? il fait paffer les rayons, à
leur émergence du premier prifme, par deux
trous de quatre lignes chacun. —— Groffier mé-
chanifme, dont une image· groffière elle-même
fera néanmoins fentir le peu de jufteffe; car le
diamètre de ces trous eft à celui des globules
de lumière tout au moins ce que le diamètre
d'une ouverture de fix pieds feroit à celui
d'un fil très-fin; or que diroit-on de l'expédient d'aligner deux pareilles ouvertures,
pour démontrer que de longs bouts de fil paffés au travers en divers fens, auroient tous
la même direction ? Je conçois, Meffieurs, que

la plupart des partifans du fyftême de la différente réfrangibilité ont pu fe contenter d'une
pareille démonftration : mais comment l'Auteur,
ce Géomètre profond, a-t-il pu lui-même s'en
contenter ? Son expérience ne démontre donc
pas que les rayons hétérogènes auxquels les
trous des p'anches donnent paflage, tombent tous
fur le fecond prifme avec des directions communes : même en fuppofant qu'au fortir du premier ils émergent de points communs. Que fe-
ra-ce, s'il eft démontré que ceux qui forment les
extrémités du fpectre, ont des points d'émergence
oppofés ! C'eft pourtant ce qu'il n'eft plus permis de révoquer en doute : puifque dans cette
expérience, la lumière fe dévie & fe décompofe
conftamment à la circonférence du trou fait au
volet pour lui donner paflage ; fans parler des
rayons déviés & décompofés aux bords oppofés
du difque folaire.

Il femble que par une fatalité inconcevable,
Newton ait toujours choifi les circonftances les
plus propres à perpétuer les réfultats illufoires
de fa troifième Expérience ; comme s'il eut voulu
ôter aux autres & s'ôter à lui-même tout moyen
d'en appercevoir les défauts. Au lieu d'introduire
dans la chambre obfcure le faifceau de rayons
folaires par une ouverture de quatre lignes, fui-

vant fa coutume, il le fait paffer par un trou beaucoup plus large : ce qui rend plus confidérable l'écartement refpectif des rayons hétérogènes tranfmis par les deux trous des planches interpofées.

Enfin imaginera-t-on qu'après avoir fait choix d'un pareil moyen pour donner aux rayons une direction commune, moyen dont il auroit dû fe défier plus que perfonne, *il n'ait pas* *même cherché à s'affurer du degré de confiance* *qu'il mérite, en marquant fur le mur les endroits* *où tomboient ces rayons avant que le fecond prifme* *fût interpofé :* ce qui eût fuffi pour lui dévoiler le faux de fon hypothèfe : car *l'endroit où tom-* *bent les violets eft affez diftant de celui où tombent* *les jaunes, & plus encore de celui où tombent les* *rouges.*

Exp. 23.

Ce qui paroît toujours d'autant mieux, que les ouvertures qui leur donnent paffage font plus petites, & qu'ils font projetés plus loin : or fi leur angle d'incidence fur le fecond prifme n'eft pas le même, il eft tout fimple que leur angle de réfraction foit différent. Ici leur différente réfraction ne prouve donc rien en faveur de la différente réfrangibilité des rayons hétérogènes ; difons mieux, elle l'infirme.

VII. EXPÉRIENCE.

Fig. 15.

« Elle fe fait en perçant au volet de croifée
» deux trous proches l'un de l'autre , & en
» plaçant un prifme devant chacun , pour for-
» mer deux fpectres fur le mur au fond de la
» chambre. A petite diftance du mur, on fixe une
» bande de papier longue , étroite, à bords droits
» & parallèles ; enfuite on difpofe l'appareil de
» façon que la lumière rouge de l'un des fpectres ,
» & la lumière violette de l'autre fpectre tombent
» chacune fur une moitié de la bande , & faffent
» paroître le papier rouge & violet, à-peu-
» près comme celui des deux premières expé-
» riences. Puis on étend un drap noir derrière
» ce papier, afin que les réfultats de l'expé-
» rience ne foient pas troublés par quelque
» lumière réfléchie de deffus le mur. Tout étant
» difpofé de la forte, Newton regarda la bande
» de papier à travers un prifme tenu parallèle-
» ment à la longueur de cette bande ; & la
» moitié qu'éclairoit la lumière violette lui pa-
» rut féparée par une plus grande réfraction,
» de la moitié qu'éclairoit la lumière rouge,
» fur-tout lorfqu'il fe tenoit à certaine diftance :
» car lorfqu'il regardoit de trop près, les deux
» moitiés du papier ne paroiffoient plus totale-

» ment féparées, mais contiguës par un de leurs
» angles, comme le papier de la PREMIÈRE
» EXPÉRIENCE. La même chofe arrivoit, quand
» il fe fervoit d'une bande trop large ». (1)

Puifque les rayons hétérogènes font tous également réfrangibles, comme cela eft bien démontré; la féparation des deux images ne peut
provenir que de l'inégale réfraction de ceux qui
les forment, toujours déterminée par leur inégale incidence, dont Newton ne tient jamais
compte. Or quand les deux prifmes font placés dans le même fens (& on doit les fuppofer difpofés de cette manière dans l'expérience de
l'Auteur) quelle que foit la pofition de la bande
de papier, il eft inconteftable que les rayons
violets de l'un des fpectres ne tombent pas fur
la bande avec la même direction que les rayons
rouges de l'autre fpectre, comme je l'ai démontré plus haut; ils ne fauroient donc avoir non
plus la même direction (2) à leur incidence fur

_____

(1) Nouvelle Traduction, pag. 42-47.
(2) Les corps raboteux difperfent un beaucoup plus
grand nombre de rayons que les corps polis : mais ils
réfléchiffent la lumière tout auffi régulièrement que les
miroirs les plus parfaits : car quelle que foit la difpofition
des parties de leurs furfaces, l'angle de réflexion eft

le troifième prifme : ainfi plus ou moins réfractés par celui-ci, les images qu'ils forment doivent
néceffairement fe féparer, c'eft-à-dire occuper
au fond de l'œil des efpaces différens.

Ce que je dis des images de la bande, je le
dis des images de chaque objet qu'on lui fubftitue dans les variations de l'expérience. Telles font
les conféquences des lois les plus fimples de la
Catoptrique & de la Dioptrique. Cette expériencè
prouve donc tout auffi peu que LA IIIe, en faveur
de la différente réfrangibilité.

VIII. EXPÉRIENCE.

« En Eté, faifon où la lumière du foleil a
» le plus d'énergie, Newton reçut un faifceau
» de rayons fur un prifme dont l'axe étoit pa-
» rallèle à celui de la Terre, & à l'endroit du
» mur où tomboit le fpectre, il fixa un livre
» ouvert ; enfuite à fix pieds deux pouces de
» diftance de ce livre, il difpofa verticalement

néceffairement égal à l'angle d'incidence. Ainfi de quelque point qu'on apperçoive ces corps, ils ne font vus
qu'au moyen des rayons que réfléchiffent les parties de
leurs furfaces, qui fe trouvent rangées dans le même
plan où fe trouveroient celles des corps du plus beau
poli.

Pl. III. Pag. 8.

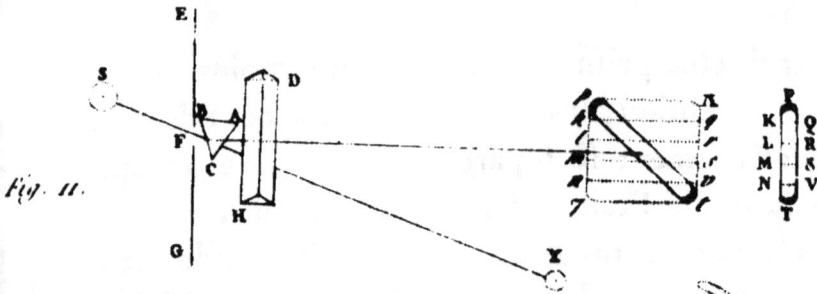

Fig. 11.

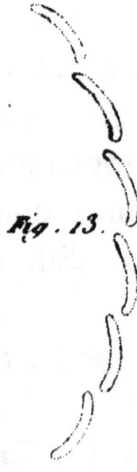

Fig. 13.

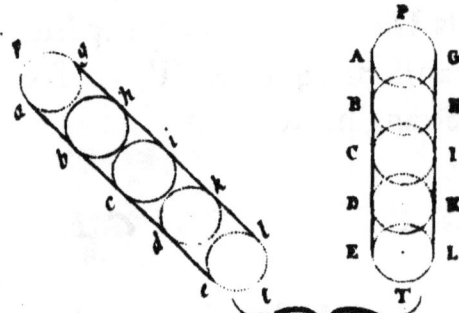

Fig. 12.

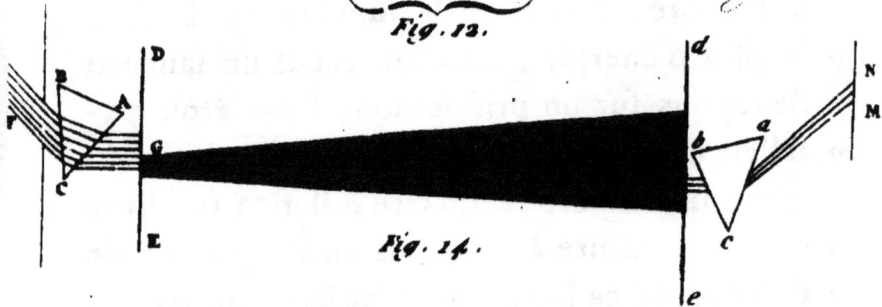

Fig. 14.

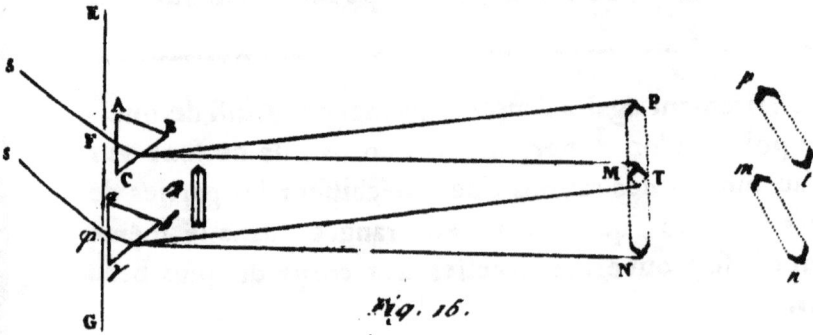

Fig. 16.

Thavenard sculp.

» un objectif de fix pieds deux pouces de foyer,
» de façon à projeter fur un papier blanc pa-
» rallèle les rayons réfractés, pour y peindre
» l'image des caractères illuminés de cette ma-
» nière. Puis ayant fixé l'objectif, il marqua
» l'endroit où étoit le papier, lorfque les ca-
» ractères du livre illuminés par le rouge le plus
» vif étoient peints avec le plus de netteté.
» Après cela il attendit que par le mouvement
» du Soleil, toutes les couleurs du fpectre,
» depuis le rouge jufqu'au milieu du bleu, tom-
» baffent fur ces caractères. Lorqu'ils furent
» illuminés par le bleu, il trouva que l'endroit
» où ils étoient peints avec le plus de netteté,
» étoit de 30 à 33 lignes plus proche de l'ob-
» jectif que le premier : d'où il conclut que les
» rayons bleus du fpectre font plutôt raffem-
» blés par la réfraction que les rayons rouges.
» Au refte, Newton recommande d'avoir foin
» d'obfcurcir la chambre le mieux poffible ;
» parce que fi les couleurs venoient à être af-
» foiblies par le mélange de quelque lumière
» étrangère, la diftance entre les foyers des
» rouges & des bleus ne feroit pas fi confidé-
» rable. Il ajoute que dans la IIᵉ EXPÉRIENCE,
» où il avoit employé des couleurs de corps na-
» turels, cette diftance n'étoit que de 18 lignes,
» à caufe de l'imperfection de ces couleurs ;

» mais que dans celle-ci, où il avoit employé
» les couleurs du spectre qui sont manifeste-
» ment plus foncées, la distance étoit de 33 lignes.
» Puis il assure qu'il ne doute nullement que
» cette distance ne fût beaucoup plus grande
» encore, si les couleurs étoient beaucoup plus
» fortes ; enfin il observe que l'interposition des
» disques solaires, les reflets de la lumière du
» ciel, & les rayons dispersés par les inégalités
» de la surface du prisme, altéroient si fort les
» couleurs du spectre, que les images des ca-
» ractères illuminés d'indigo & de violet (cou-
» leurs foibles & obscures) projetées sur le
» papier, n'étoient pas distinctes ». (1)

En s'efforçant d'établir la doctrine de la différente réfrangibilité, Newton rencontroit par-
tout des phénomènes qui auroient dû lui en
faire reconnoître le faux : mais il n'étoit occupé qu'à les plier à son système ; & pour y parvenir, il fut souvent réduit à hasarder des assertions sans fondement, disons même des assertions opposées à ses propres principes. L'expérience qui fait le sujet de cet article, en fournit
plus d'une preuve.

(1) Nouvelle Traduction, pag. 47-49.

II

Il eſt ſimple que la différence focale des rayons de teintes intenſes ſoit plus conſidérable que celle des rayons reſpectifs de teintes légères ; puiſque l'intenſité des nuances de chaque couleur du ſpectre augmente du milieu aux extrémités : mais cette gradation même eſt une inconſéquence du ſyſtême Newtonien, comme je l'ai obſervé plus haut. Et combien d'autres inconſéquences plus étranges encore ?

Sans doute il importe que les rayons homogènes deſtinés à éclairer l'objet dont on veut former l'image, ne ſoient pas altérés par les reflets d'une lumière étrangère : des reflets de lumière blanche affoibliſſent toujours la teinte de ces rayons, & des reflets de lumière hétérogène l'alterent toujours. On conçoit donc comment les premiers peuvent diminuer ou même détruire la netteté des images de cet objet, que les différens rayons du ſpectre doivent illuminer tour-à-tour ; mais on ne conçoit pas comment ils peuvent changer la diſtance focale des rayons homogènes, dont on cherche à déterminer les degrés relatifs de réfrangibilité. Car dans le ſyſtême de l'Auteur, la lumière blanche ſe décompoſe conſtamment en ſe réfractant aux ſurfaces de l'objectif ; puiſque chaque eſpèce des rayons qui la compoſent a un foyer particulier. Comme les plus réfrangibles divergent déjà, que les moins réfrangibles conver-

F

gent encore, ils restent mêlés, & n'offrent aucune décomposition qu'aux bords du champ. Ainsi l'image d'un objet éclairé par des rayons homogènes s'apperçoit sur ce fond blanc ; & toujours elle paroît distincte, lorsque ces rayons sont en certaine quantité. Puis donc que leur réfrangibilité n'est point changée par des reflets de lumière blanche, leur foyer doit nécessairement rester le même. A l'égard des reflets de lumière hétérogène, quoiqu'ils ne puissent pas changer la réfrangibilité des rayons homogènes qui éclairent l'objet, ils se mêlent & se confondent avec les rayons qui doivent en tracer l'image. Inégalement réfrangibles, la réfraction doit les rassembler plus ou moins sur chaque point du plan où on les projette, c'est-à-dire, dans chaque point de l'image qu'ils concourent à former : l'image ne pourroit donc jamais être distincte. De-là il suit évidemment que si les rayons hétérogènes étoient différemment réfrangibles, il auroit été impossible à Newton de trouver un point où l'image des caractères imprimés eût été distincte; car il est hors de doute que les rayons hétérogènes sont mêlés dans le spectre, & qu'aucune de ses teintes n'est pure.

Passons à des observations particulières (1).

_____

(1) On n'a pas oublié que celles qui précèdent sont communes à la IIᵉ EXPÉRIENCE.

L'expérience dont l'examen fixe notre attention, eft du nombre de celles que la difficulté de
l'appareil, ou plutôt le concours de quelques circonftances inutiles au fuccès, a prefque toujours
rendues impraticables. Je dis inutiles, car quelle
néceffité que l'axe du prifme foit parallèle à l'axe
de la Terre, fi ce n'eft afin que les rayons du
fpectre paffent fpontanément tour-à-tour fur
l'objet qu'ils font deftinés à éclairer? Mais quoique ces axes ne foient pas parallèles, fi l'objet
a certaine étendue, il n'en fera pas moins fucceffivement illuminé par ces rayons.

De pareilles circonftances ne font pas fimplement inutiles, mais nuifibles au fuccès : parce
qu'il importe d'embraffer & de comparer, du
même coup d'œil, les différentes images de
l'objet illuminé à la fois par les rayons hétérogènes, du moins quand on veut juger de leur
netteté, & déterminer les foyers avec exactitude. Ce qui ne fauroit avoir lieu, lorfqu'on fait
tomber tour-à-tour les rayons hétérogènes fur
l'objet; puifque les changemens qui furviennent
prefque toujours à la difpofition de l'organe,
pendant une expérience de longue haleine, font
varier les points de la vifion diftincte. Rien de fi
facile à conftater au moyen d'un réfractomètre;
car les points où une image paroît fucceffivement
avoir toute fa netteté, ne font prefque jamais les

F 2

mêmes. Pour fe garantir de l'illufion de ces divers réfultats, il eft donc indifpenfable, (je le
répete) d'avoir à la fois fous les yeux toutes
les images de l'objet formées par les différens
rayons hétérogènes. Or, dans le cas dont il s'agit,
il ne refte d'autre moyen que de raccourcir très-
fort le fpeƈtre, & de le projeter fur les caractères du livre ; avantage qui en procurera un
autre, celui d'augmenter l'intenfité des couleurs : mais comme l'angle de réfraƈtion des
rayons hétérogènes doit varier avec leur angle
d'incidence, il eft indifpenfable de leur donner
préalablement à tous la même direƈtion, en les
rendant parallèles à l'aide d'une lentille convexe de foyer convenable.

Venons maintenant aux réfultats de notre expérience, faite avec toutes les précautions néceffaires, & dans une journée d'Eté où le ciel
étoit très-pur.

Exp. 24. Ayant introduit dans une longue chambre
obfcure un faifceau de rayons folaires de fix
lignes en diamètre, à travers un tuyau deftiné
à intercepter tout reflet; je le fis paffer par un
prifme de verre blanc fans défauts, & je pro-
jetai le fpeƈtre très-raccourci fur un grand carton blanc imprimé en caraƈtères moyens & fufpendu contre la paroi ; enfuite je difpofai ver-

ticalement fur la même horifontale & à 15 pieds
de diftance un objectif de verre blanc très-
pur, de 3 pouces de diamètre & de 12 pieds de
foyer ; puis fur un plan vertical mobile je reçus
les rayons réfléchis par le carton & réfractés par
l'objectif : or les images des caractères paroiffoient également diftinctes au même point ;
mais à quelques lignes au-deçà ou au-delà de ce
point, elles étoient toutes également confufes.
Les réfultats de l'expérience de l'Auteur font
donc évidemment faux.

Examinons celle qui fuit.

IX. EXPÉRIENCE.

« Après avoir tranfmis par un prifme A B C   Fig. 16.
» (dont les angles à la bafe étoient chacun de
» 45°) le faifceau folaire F M, de manière (dit
» Newton) qu'il tombât perpendiculairement
» fur le côté A C, & qu'il fortît perpendicu-
» lairement du côté A B ; je tournai lentement
» ce prifme fur fon axe, fuivant l'ordre des lettres
» A B C, jufqu'à ce que les rayons qui avoient
» été réfractés par l'angle C commençaffent à
» être réfléchis à la bafe, d'où jufqu'alors ils
» avoient émergé ; & j'obfervai que les rayons

F 3

» M H qui étoient les plus réfractés, étoient les
» premiers à fe réfléchir ». Ce qui le porta à
conjecturer que les rayons les plus réfrangibles
fe trouvent d'abord dans le faifceau réfléchi en
plus grand nombre que les autres, qui, à leur tour,
s'y trouvent enfuite en auffi grand nombre (1).

Pour vérifier fa conjecture, « il tranfmit par un
fecond prifme V X Y les rayons du faifceau réfléchi M N, & il les fit tomber à quelque diftance fur une feuille de papier blanc *p t*, où ils
firent paroître les couleurs ordinaires du fpectre.
Puis tournant le premier prifme fur fon axe
fuivant l'ordre des lettres A B C, il obferva que
les violets & les bleus M H, qui avoient fouffert la plus grande réfraction, fortoient toujours
plus obliquement. Bientôt ils commencèrent à
être réfléchis : dès qu'ils le furent tous, les teintes
violette & bleue, apparentes fur le papier &
provenant des rayons N *p* les plus réfractés par le
fecond prifme, reçurent un accroiffement fenfible d'intenfité, & dominèrent fur la jaune &
la rouge provenant des rayons N *t* qui étoient
moins réfractés. Après quoi lorfque les autres
rayons, favoir les verts, les jaunes & les rouges
M G, commencèrent à être totalement réfléchis
par le premier prifme, leurs couleurs apparentes

_____

(1) Nouvelle Traduction, vol. 1, pag. 49-52.

fur le papier reçurent un auffi grand accroiffement que la violette & la bleue. Ainfi le faifceau M N des rayons réfléchis de deffus la
bafe du prifme, étant d'abord augmenté par
les plus réfrangibles & enfuite par les moins réfrangibles, doit être compofé de rayons de différente réfrangibilité. « Or (pourfuit Newton)
« que la lumière réfléchie foit de même nature
» que la lumière directe du foleil, c'eft ce que
» perfonne n'a jamais révoqué en doute : tout
» le monde tombant d'accord qu'une pareille
» réflexion n'en altère aucunement ni les mo-
» difications ni les propriétés ». Enfin il remarque qu'il ne fait point entrer en confidéra-
tion le paffage de la lumière à travers les furfaces
du prifme ; parce qu'elle entre perpendiculairement à la première, & fort perpendiculairement
à la feconde : d'où il conclut que la lumière
incidente étant de même nature que la lumière
émergente, doit être pareillement compofée de
rayons différemment réfrangibles.

A quoi bon, Meffieurs, cette longue expérience? —— A étayer une affertion que l'Auteur
croyoit avoir déjà établie fur des preuves directes. Mais fi cette expérience bien prife ne
vient point à l'appui de fon fyftême, elle nous

fournit une occafion de plus d'en démontrer le faux. Eh! qui ne voit que Newton variant à fon gré la direction refpective des rayons immédiats du foleil à leur incidence fur le prifme, leur prête dans tous les cas celle qui convient le mieux à fes vues, quoiqu'elle foit conftamment la même dans la Nature. Obfervez que dans fa IIIᵉ Expérience, il fuppofe ces rayons divergens; dans fes Expériences Vᵉ, VIᵉ & VIIᵉ, il les fuppofe parallèles; il les fuppofe parallèles encore dans la IXᵉ (1): un coup d'œil jeté fur les Fig. 13, 14, 16, 17, 18, 20 & 21 du Livre premier de fon Optique, fuffit pour s'en convaincre. Mais s'ils tombent toujours divergens fur le prifme, ainfi qu'on ne peut en douter, comment notre profond Géomètre les fuppofe-t-il perpendiculaires aux furfaces réfringentes?

Qu'il me foit permis de relever en paffant l'abus que l'on fait chaque jour des Mathématiques. Lorfqu'on attaque le fyftême Newtonien fur les couleurs, on fe contente de ré-

(1) Ce qu'il y a de plus curieux, c'eft qu'en commençant la defcription de la NEUVIÈME Expérience; il renvoie à la IIIᵉ pour déterminer la manière dont les rayons doivent tomber fur le prifme: admettant ainfi à la fois, fans s'en être apperçu, deux directions abfolument différentes.

pondre qu'il eſt démontré géométriquement.
Quoi ! parce que l'Auteur aura tracé des figures
ſur du papier , pour rendre plus ſenſible ce qu'il
ſuppoſoit ſans fondement , on appellera *démonftration: géométriques* cet aſſemblage de lignes ,
dont aucune n'eſt même propre à donner quelque
idée des directions réelles des rayons ſolaires ;
& on oppoſera ces hypothèſes gratuites , fauſſes ,
contradictoires , mais *figurées* , à des obſervations
conſtantes , à des faits tranchans & déciſifs ! Je
m'arrête , Newton a frayé la route dans cette
belle partie de l'Optique , & la reconnoiſſance
due à ſes efforts ſuſpend mes réflexions ſur la
méthode de raiſonner de ſes Diſciples. Me voici
ramené malgré moi aux inconſéquences du Maître;
mes obſervations toutefois n'auront pour but
que les progrès de la ſcience.

Newton s'attache à prouver que la lumière
du faiſceau M N réfléchi de deſſus la baſe du priſme , ne ſubit aucune altération par cette réflexion ; & cela eſt vrai. Il s'attache auſſi à prouver qu'elle ne ſubit aucune réfraction aux ſu -
faces du priſme ; & cela eſt faux , puiſqu'elle
n'y tombe & n'en ſort pas avec les directions
qu'il prétend. Enfin il ſuppoſe aux rayons du
faiſceau F M des directions communes , & il ne
tient aucun compte de leur déviation & de leur

décompofition aux bords du trou deftiné à les introduire dans la chambre obfcure.

Ce n'eft pas tout ; il femble qu'il ait épuifé les reffources de fon beau génie à imaginer des expériences délicates, qu'il a l'art d'amener par quelque circonftance à l'appui de fon fyftême, fans jamais s'embarraffer des circonftances qui l'infirment.

Il eft de fait que le champ du faifceau réfléchi M N eft acolore. Il eft de fait auffi qu'il refte acolore, quelle que foit l'inclinaifon de la bafe B C, & quelle que foit l'efpèce de rayons fouftraite du faifceau tranfmis M G H. Pourquoi cela ? —— parce que les réfractions des rayons incidens & des rayons émergens fe compenfent avec exactitude, & que les hétérogènes réfléchis aux bords du trou continuent à tomber dans l'ombre, comme ils font quand il n'y a point de prifme interpofé. Mais fi la réflexion avoit fouftrait du faifceau F M les plus réfrangibles, il feroit de toute impoffibilité que le faifceau M N pût conferver fa blancheur ; puifque ces rayons y domineroient néceffairement ? Et qui ne fent qu'il devroit fans ceffe changer de couleur à mefure que la réflexion y ajouteroit quelque efpèce des rayons hétérogènes tranfmis ? Ce qui pourtant n'arrive jamais.

D'ailleurs, tant que la lumière du faifceau ré-

fléchi eſt réputée n'avoir ſubi aucune décompoſition, il ſuit des principes mêmes de l'Auteur, que
les couleurs du ſpectre formé par le ſecond priſme,
devroient être tout auſſi intenſes avant l'addition des rayons hétérogènes réfléchis, qu'elles
le paroiſſent après cette addition ; puiſqu'ici leur
intenſité n'eſt point en raiſon du nombre des
rayons, mais en raiſon de leur pureté. Je dis
mieux, loin que les teintes du ſpectre formé par
un grand faiſceau aient plus d'intenſité que celles
du ſpectre formé par un petit faiſceau, elles en
ont beaucoup moins.

De-là on peut conclure que les rayons qui
forment le premier ſpectre H G , ne ſe décompoſent pas en ſe réfractant ; & que ſi la réfraction
les a rendus viſibles, c'eſt parce qu'elle les a
ſéparés les uns des autres, à raiſon des différentes directions qu'ils avoient à leur incidence
ſur le côté A C, ou plutôt, parce qu'elle les a
jetés dans le champ de lumière.

Ne quittons point encore l'expérience qui fait
l'objet de notre examen. On y voit une partie
des rayons hétérogènes du faiſceau F M réfléchie, & une partie réfractée, à meſure que le
priſme tourne ſur ſon axe, ſuivant l'ordre des
lettres A B C : non qu'ils ſoient plus ou moins
réfrangibles, & plus ou moins réflexibles les

uns que les autres, comme on le veut; mais ils
ne tombent pas fur le prifme avec la même direction. Des rayons décompofés aux bords du
trou, ceux qui font déviés en fens contraires
doivent fe réfracter ou fe réfléchir fuivant l'obliquité de leur incidence aux furfaces du prifme.
Or les violets & les bleus paroiffant les plus réfractés, à raifon de leurs directions à leur incidence fur le côté A C, paroiffent néceffairement
les plus réfrangibles. Et comme ils fe trouvent
de même les plus inclinés à la bafe du prifme,
lorfqu'on le fait tourner fur' fon axe fuivant
l'ordre des lettres A B C, ils font néceffairement les premiers à fe réfléchir. Les plus réfrangibles en apparence doivent donc auffi paroître les plus réflexibles. Par la raifon contraire,
les jaunes, les orangés & les rouges doivent
paroître & les moins réfrangibles & les moins
réflexibles.

Voilà, Meffieurs, la vraie caufe de ces phénomènes que Newton attribue fans fondement
à la différente réflexibilité des rayons hétérogènes; hypothèfe démentie par les faits les plus
directs : car *quelle que foit la couleur des rayons in-*
cidens fur un miroir métallique, leurs angles de
réflexion font parfaitement égaux, tant que leurs
angles d'incidence font les mêmes.

Exp. 25.

Ainſi tout eſt faux ou illuſoire dans cette expérience de l'Auteur. Reſte l'examen de la dernière dont il étaie ſon ſyſtême de la différente réfrangibilité.

X. EXPÉRIENCE.

« Sur un parallélipipède formé de deux priſmes ſemblables A B C & B C D, il reçut un petit faiſceau de rayons ſolaires, à quelque diſtance du trou F qui leur donnoit paſſage ; mais de manière que les axes des priſmes fuſſent perpendiculaires aux rayons incidens, & que ces rayons entrant par le côté A B ſortiſſent par le côté C D. Ces côtés étant parallèles (obſerve Newton) rendoient la lumière émergente parallèle à l'incidente. Au - delà de ces priſmes il en plaça un troiſième H I K, pour décompoſer le faiſceau émergent, & jeter l'image colorée P T au fond de la chambre ſur une feuille de papier blanc, placée à diſtance convenable. Après cela il ſe mit à tourner le parallélipipède ſur ſon axe, ſuivant l'ordre des lettres A C D B. Lorſque les côtés contigus B C & C B devinrent aſſez obliques aux rayons incidens F M pour commencer à les réfléchir ; il trouva que les rayons O P qui, réfractés le plus par le troiſième priſme, avoient illuminé le papier en P de violet & de »

Fig. 17.

« bleu , furent les premiers féparés de la lumière
tranfmife O P T , par une totale réflexion vers
N ; les autres rayons O R & O T continuant
à jeter en R & T leurs couleurs refpectives, favoir :
le vert, le jaune, l'orangé & le rouge. Enfuite
tournant un peu plus le parallélipipède, ceux-
ci furent féparés à leur tour par une totale
réflexion , chacun fuivant fon degré de réfrangibilité , comme dans la IXᶜ Expérience ;
d'où il conclut que la lumière du faifceau M O ,
émergente des deux prifmes adoffés , eft compofée de rayons différemment réfrangibles , puifque les plus réfrangibles peuvent y être féparés
des moins réfrangibles. Or , felon lui, elle ne
fauroit être altérée en traverfant les furfaces parallèles de ces prifmes ; car fi elle recevoit quelque modification en fe réfractant à l'une, elle
la perdroit en fe réfractant à l'autre en fens
contraire , & précifément de la même quantité.
Ainfi rétablie dans fon premier état par ces réfractions égales & oppofées , elle fe trouveroit avant
fon incidence comme après fon émergence ,
compofée de rayons différemment réfrangibles ».

« Tandis que les rayons les plus réfrangibles
» (pourfuit l'Auteur) , n'étoient pas encore fé-
» parés par la réflexion, les deux faifceaux F M &
» M O paroiffoient de même couleur & fembla-
» bles en tous points, autant qu'on pouvoit en

» juger par l'obſervation ; & il inſère que leur lu-
» mière eſt , à juſte titre, réputée de même nature,
» conſéquemment compoſée des mêmes rayons.

» Mais dès que les rayons les plus ré-
» frangibles commencent à être totalement
» réfractés, la lumière du faiſceau M O, dont
» ils ſont ſéparés ſuivant la IXe Expérience,
» change de couleur, paſſant ſucceſſivement du
» blanc à un jaune lavé & foible, à un aſſez
» bon orangé, à un rouge très-foncé, enfin
» elle diſparoît totalement. Car après que les
» rayons les plus réfrangibles qui en P tei-
» gnent de pourpre le papier, ſont ſéparés du faiſ-
» ceau M O par une réflexion totale, ceux des
» autres couleurs qui paroiſſent en R & T , étant
» mêlés dans la lumière M O , y compoſent
» un jaune foible. Puis dès que les bleus & une
» partie des verts ſont ſéparés , ceux des cou-
» leurs qui reſtent , & qui paroiſſent entre R &
» T (c'eſt-à-dire les jaunes, les orangés, les
» rouges & une partie des verts) étant mê-
» lés dans la lumière M O , compoſent de
» l'orangé. Enfin lorſque les rayons verts , jaunes
» & orangés ſont ſéparés du faiſceau M O , par
» une réflexion totale , il ne reſte que les moins
» réfrangibles qui avoient paru d'un rouge foncé
» en T. La couleur de ces rayons eſt donc
» la même dans le faiſceau M O que dans l'image

» P T, les réfractions du prisme H I K n'ayant fait
» que séparer les rayons différemment réfrangi-
» bles, sans produire ou altérer leurs couleurs ».
Obfervations qui (au jugement de Newton)
prouvent toutes en faveur de la différente réfrangibilité (1).

Cette expérience, Meffieurs, rentre en partie
dans celle qui précède ; mais elle a quelques circonftances propres, qui exigent des remarques
particulières.

L'Auteur y fuppofe, comme dans toutes les
autres qu'il fit avec le prisme, que les rayons
folaires tombent fur le parallélipipède fans avoir
fouffert aucune déviation, ni aucune décompofition aux bords du trou qui leur donne paffage. Ainfi il attribue une incidence égale aux
hétérogènes, dont le faifceau F M eft compofé.
Deux hypothèfes dont la fauffeté eft fuffifamment
démontrée.

Les côtés A B & C D des prifmes adoffés
étant parallèles, les réfractions des rayons incidens fe détruifent par les réfractions égales
& oppofées des rayons émergens : d'où il infère que la lumière du faifceau M O, avant

_____

(1) Nouvelle Traduction, pag. 52-55.

qu'aucun

qu'aucun rayon en foit féparé par réflexion, eft
blanche & femblable en tous points à la lumière
du faifceau F M, du moins autant qu'on peut
en juger à l'infpection : ainfi la lumière de ces
faifceaux eft à jufte titre réputée de même nature. Puis il établit que le parallélipipède fert uniquement à féparer au moyen de la réflexion les
hétérogènes, chacun fuivant fon degré de réflexibilité, toujours correfpondant au degré de
réfrangibilité, & qu'aucun rayon ne difparoît
de l'image colorée P T, qu'il ne difparoiffe également du faifceau M O.

Se peut-il qu'un obfervateur, tel que Newton,
n'ait pas reconnu que la décompofition de la lumière qui tombe fur le parallélipipède (1) ne fauroit provenir de la réflexion ? car au lieu de le
tourner felon l'ordre des lettres A C D B ; fi on le
tourne en fens contraire, quelle que foit l'obliquité des furfaces réfléchiffantes, le champ des

---

(1) Le parallélipipède dont je me fuis fervi eft fait
de deux moitiés d'un prifme ifocelle, de verre très-
pur, montées en cuivre, ayant chacune l'angle au
fommet de 30 degrés, leurs grandes faces de 18 lignes,
& leurs côtés externes fi exactement parallèles, que
quand elles font perpendiculaires à l'axe des rayons folaires projetés à 50 pieds, l'image du Soleil eft parfaitement circulaire & parfaitement acolore.

G

rayons transmis conservera sa blancheur, jusqu'à ce qu'il disparoisse tout-à-fait. Or si cette décomposition provenoit de la cause à laquelle il l'attribue, ce champ ne seroit-il pas successivement de différentes teintes, dans le dernier cas comme dans le premier?

D'ailleurs, comment Newton ne s'est-il pas apperçu à la simple inspection des phénomènes, qu'ils ne peuvent jamais tenir à la différente réflexibilité des rayons (1) hétérogènes : car si la réflexion avoit effectivement séparé ces rayons, le champ de ceux qui émergent du parallélipipède seroit constamment circulaire, & successivement d'une teinte différente, mais uniforme : au lieu que le haut, toujours coloré différemment du milieu & du bas, est même souvent tronqué.

Comme ces phénomènes ont été fort impar-

_____

(1) Ces phénomènes, selon moi, tiennent à une cause particulière, qu'il importe assez peu de développer ici ; puisqu'il ne s'agit que de montrer l'insuffisance de celle que Newton leur assigne. Au reste cette cause particulière est la même que celle qui colore en rouge, orangé & jaune, la courbe de la partie supérieure du champ de vision, quand on regarde le ciel en tournant sur son

Pl. IV. Pag. 98.

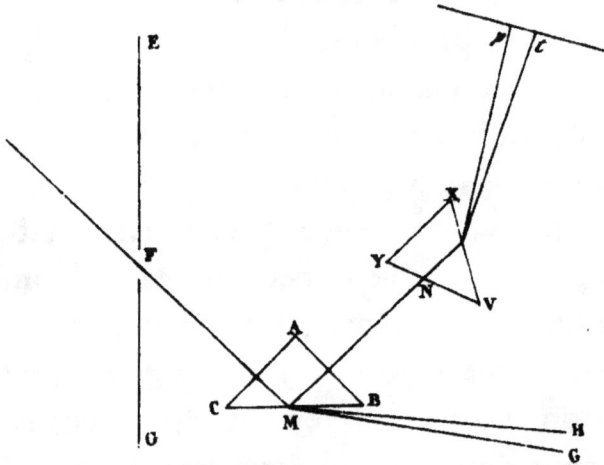

Fig. 16.

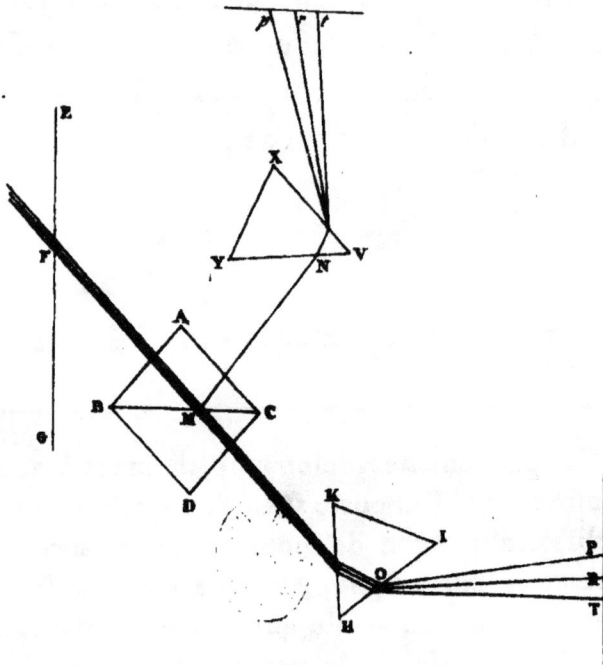

Fig. 17.

Thavenard sculp.

faitement décrits par Newton, en voici une
description exacte & complette.

I. CAs. A l'inftant où tous les rayons
violets & une partie des indigos paroiffent fupprimés du fpectre; la partie fupérieure du champ
de ceux qui émergent du parallélipipède eft
d'un jaune clair, le refte blanc. Or feroit-il
poffible dans les principes de l'Auteur, que la
réflexion eût fouftrait de la moitié des images
folaires tous les rayons, aux jaunes près; tandis
qu'elle n'auroit fouftrait de l'autre moitié de
ces images aucun de ces rayons? ou s'ils en
font également fouftraits, comment la partie
inférieure du champ eft-elle acolore?

Fig. 18.

II. CAs. A l'inftant où les rayons violets,
indigos & bleus paroiffent tous fupprimés du
fpectre; la partie fupérieure du champ de ceux
qui émergent du parallélipipède eft rouge &
orangée (1), teintes dont l'intenfité s'affoiblit
peu-à-peu jufqu'au tiers; le refte du champ eft
jaune. Or feroit-il poffible dans les principes

Fig. 19.

---

axe le parallélipipède ou un fimple prifme. Auffi dans
toutes ces expériences diroit-on qu'un voile coloré
s'abat fur le champ de la lumière tranfmife.

(1) Dès que le champ commence à être coloré en
rouge, il offre deux images, comme fi les furfaces externes du parallélipipède avoient ceffé d'être parallèles:
alors auffi le bas de ces images eft bordé de bleu terne.

de l'Auteur, que la réflexion eût souſtrait les rayons violets, indigos, bleus, verts & jaunes du tiers des images ſolaires ; tandis qu'elle auroit ſouſtrait des deux autres tiers de ces images tous les rayons hétérogènes, aux jaunes près ?

III. C A s. A l'inſtant où les rayons violets, indigos, bleus, verts & jaunes ſont tous ſupprimés du ſpeĉtre ; la partie ſupérieure du champ de ceux qui émergent du parallélipipède eſt tronquée : de celle qui reſte, le haut eſt d'un rouge foncé, & d'un orangé nué juſqu'aux deux tiers ; le bas eſt d'un jaune intenſe. La troncature de la partie ſupérieure du champ ne peut venir que d'une réflexion totale des rayons : or ſeroit-il poſſible dans les principes de l'Auteur, que la réflexion eût ſouſtrait tous les rayons de cette partie ; tandis qu'elle auroit laiſſé à chacune des autres les jaunes, les orangés ou les rouges ?

IV. C A s. A l'inſtant où tous les rayons, excepté les orangés & les rouges, ſont ſupprimés du ſpeĉtre ; on n'apperçoit plus que la partie inférieure du champ de ceux qui émergent, dont le haut eſt rouge foncé & le bas orangé. Or ſeroit-il poſſible, dans les principes de l'Auteur, que la réflexion eût ſouſtrait tous les rayons des deux tiers des images ſolaires, & qu'elle eût laiſſé les rouges & les orangés

d'une portion de l'autre tiers de ces images ?
Quelles inconféquences dans le fyftême de la
différente réflexibilité ! Mais nous ne fommes
pas au bout.

Obfervez, Meffieurs, que lorfque les rayons
violets & les indigos difparoiffent du fpectre, les
verts femblent avoir pris leur place ; car leur
teinte s'étend, & la prétendue image colorée
du Soleil paroît n'avoir prefque rien perdu de
fa longueur.

Obfervez auffi qu'en fupprimant les verts du
fpectre, les jaunes difparoiffent en même temps ;
la teinte verte réfulteroit donc du mêlange des
jaunes & des bleus, & non d'une efpèce particulière de rayons.

Obfervez encore que les teintes du champ
des rayons tranfmis font en ordre inverfe de
celles du fpectre. Ici les rouges font furmontés
des orangés, puis des jaunes ; là, les jaunes font
furmontés des orangés, puis des rouges : preuve
bien évidente que ces phénomènes ne tiennent
point à la caufe que Newton leur affigne.

Admettons néanmoins pour un inftant que la
réflexion fépare tour-à-tour les rayons hétérogènes, à mefure qu'on fait tourner le parallélí-
pipède fur fon axe ; on concevra comment elle
fait difparoître de l'image colorée P T certaines

Fig. 17.

teintes, & en fait prendre fucceffivement d'autres au champ du faifceau M O : mais on fentira encore mieux que les teintes fucceffives de ce champ ne font point celles qui devroient réfulter du mêlange des rayons que notre Auteur fuppofe tranfmis. Si , dans un feul cas (1) , fon hypothèfe paroît d'accord avec la Nature, elle lui eft oppofée dans tous les autres ; car du rouge & de l'orangé ne font pas du jaune, comme il l'infinue dans le troifième cas. Du vert, du jaune, de l'orangé & du rouge ne font pas non plus de l'orangé & du rouge, moins encore du jaune vif, comme il le prétend dans le fecond cas. Enfin du bleu, du vert, du jaune, de l'orangé & du rouge ne font certainement pas du jaune clair , moins encore du blanc, comme il l'établit dans le premier cas.

Nous avons vu les inconféquences, voyons les contradictions.

Dans le fyftême Newtonien, les rapports de réflexibilité des rayons hétérogènes correfpondent exactement à leurs rapports de réfrangibilité : ainfi aucun rayon ne pourroit difparoître Fig. 17. du fpectre P T, qu'il ne difparût également du

---

(1) Le dernier cas.

faifceau M O. Toutefois, dans le troifième cas, la réflexion fouftrait d'une partie du faifceau tous les rayons excepté les rouges & les orangés ; de l'autre partie, tous les rayons excepté les jaunes : tandis que les violets, les indigos, les bleus & une partie des verts paroiffent feuls fupprimés du fpectre. Dans le fecond cas, la réflexion fouftrait d'une moitié du faifceau tous les rayons excepté les rouges & les orangés ; de l'autre moitié, tous les rayons excepté les jaunes ; tandis que les violets, les indigos & les bleus paroiffent feuls fupprimés du fpectre. Et dans le premier cas, la réflexion fouftrait de la moitié du faifceau tous les rayons excepté les jaunes : tandis que les violets & les indigos feuls ont difparu du fpectre.

D'ailleurs, les rayons hétérogènes n'y font point féparés fuivant leurs degrés de réflexibilité.

Dans le premier cas, à la même obliquité des furfaces intermédiaires du parallélipipède, la ré-flexion fouftrait à la fois de la moitié du faif-ceau tous les rayons excepté les jaunes, c'eft-à-dire, tous les rayons d'extrême & de moyenne réflexibilité : tandis que par une double contra-diction, elle ne fouftrait de l'autre moitié du faif-ceau aucun de ces rayons, réputés également réflexibles.

Dans le second cas, à la même obliquité des
surfaces intermédiaires du parallélipipède, la réflexion souftrait à la fois d'une petite partie du
faifceau tous les rayons excepté les rouges ;
d'une partie un peu plus grande, tous les rayons
excepté les orangés ; & du refte du faifceau tous
les rayons excepté les jaunes : elle ne fouftrai-
roit donc pas de chacune de ces parties les
rayons homogènes de même réflexibilité.

J'en dis autant à l'égard des deux derniers
cas.

Enfin, dans tous ces cas, à la même obliquité
des surfaces intermédiaires du parallélipipède, la
réflexion ne fouftrait des images folaires que le
quart, le tiers, la moitié, les deux tiers des
rayons homogènes réputés également réflexibles. Choififfez donc de deux chofes l'une, ou
admettez que les rayons homogènes ne font pas
tous également réflexibles, ce qui implique
contradiction ; ou convenez que les phénomènes
qu'offre le champ du faifceau tranfmis ne tiennent point à la différente réflexibilité des rayons
hétérogènes : autrement pourquoi les homogènes ne difparoîtroient-ils pas tous à la fois, &
pourquoi le refte du champ tronqué ne difpa-
roîtroit-il pas également ? Après cela, que penfer
de la prétendue démonftration de l'Auteur ?
Entre-t-il dans l'efprit qu'un génie auffi profond

Pl. V. Pag. 104.

Fig. 19.

Fig. 18.

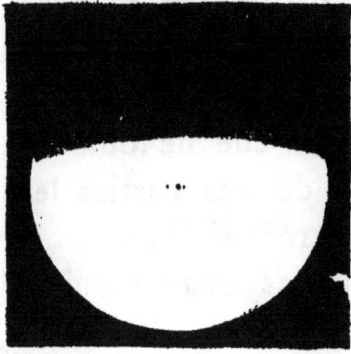

Fig. 21.

Fig. 20.

ait établi des principes dont il n'auroit pas fongé
à faire la moindre application aux phénomènes,
ou plutôt qu'un Obfervateur auffi fagace fe foit
trompé au point de n'avoir pas apperçu les inconféquences & les contradictions, qui découlent
des hypothèfes de la différente réflexibilité &
de la différente réfrangibilité ?

De pareilles preuves pourroient difpenfer de
toute autre : mais portons notre démonftration
au dernier point d'évidence.

Si la réflexion faifoit réellement difparoître
tour-à-tour du faifceau M O les rayons hétérogènes ; ces rayons fouftraits ne s'y trouveroient
plus, & il feroit impoffible de faire reparoître
dans l'image P T aucune de leurs teintes refpectives, tant que l'inclinaifon des furfaces réfléchiffantes du parallélipipède ne feroit point
changée, & qu'on ne toucheroit à aucune partie
de l'appareil. Cependant rien de fi facile. *Pour* Exp. 26.
*cela, il fuffit de faire paffer ce faifceau par un petit
trou* (1) *percé dans un carton. Or, quoique les violets, les indigos, les bleus & les verts foient tous
réputés fouftraits par la réflexion, le fpectre n'en paroît pas moins ; à cela près, que fes teintes vio-*

---

(1) De 3 lignes en diamètre.

lette, indigo & bleue deviennent vertes : effet fort fimple du mélange de leurs rayons aux jaunes qui fe trouvent excédens. *Mais projetez les rayons émergens du prifme fur un papier blanc interpofé à quelques lignes ; vous verrez leur champ bordé ; d'une part, d'un croiffant jaune circonfcrit d'un rouge ; de l'autre part, d'un croiffant bleu circonfcrit d'un violet.* Phénomène conftant, qui feul fuffiroit pour renverfer la doctrine que je réfute : car comment imaginer qu'un fimple morceau de carton puiffe faire reparoître, dans le faifceau, des rayons qui ne s'y trouveroient plus ?

Exp. 27.

Il refte donc invinciblement démontré que les rayons folaires qui forment le fpectre, fe décompofent uniquement autour du foleil, & autour du trou fait au volet de croifée pour leur donner paffage ; que les hétérogènes, toujours différemment déviés, ne tombent point avec la même direction fur le parallélipipède qui les réfracte ; que la réflexion & la réfraction ne les féparent jamais, tant qu'ils ont la même direction à leur incidence ; qu'ils ne font ni différemment réfrangibles, ni différemment réflexibles ; enfin que la prétendue image colorée du Soleil eft formée en partie de lumière blanche, c'eft-à-dire, de rayons qui ne fe font pas décompofés autour de l'aftre & autour du trou

deftiné à les introduire dans la chambre obfcure.
Preuves fans replique de la fauffeté du fyftème
Newtonien.

RÉSUMÉ.

Nous voici enfin à la conclufion de l'Auteur (1).

« De tant d'expériences faites, foit fur la lu-
» mière réfléchie par des corps naturels comme
» la Ie & la IIe, ou par des corps fpéculaires
» comme la IXe ; foit fur la lumière réfractée
» avant que les rayons hétérogènes fuffent fé-
» parés les uns des autres par leur divergence
» comme la Ve , ou après leur féparation comme
» les VIe , VIIe & VIIIe ; foit fur la lumière
» tranfmife par des furfaces parallèles dont les
» réfractions fe détruifent mutuellement comme
» la Xe ; il fuit évidemment qu'il fe trouve
» toujours des rayons, qui à incidences égales
» fur le même milieu, fouffrent, dans tous ces
» cas, des réfractions inégales , & cela fans qu'ils
» foient en aucune manière divifés ou dilatés
» comme il paroît par les EXPÉRIENCES Ve &
» VIe. Puis donc que les rayons qui diffèrent
» en réfrangibilité peuvent être féparés les uns
» des*autres , ou par réfraction comme dans la

---

(1) Nouvelle Traduction , pag. 57 & 58.

» IIIᵉ, ou par réflexion comme dans la Xᵉ ;
» & qu'alors les rayons de chaque espèce, pris
» à part, souffrent à égales incidences des ré-
» fractions inégales, mais proportionnelles avant
» & après leur séparation, quel que soit le nombre
» des prismes qu'ils viennent à traverser, comme
» dans les expériences VIᵉ, VIIᵉ, VIIIᵉ, IXᵉ &
» Xᵉ, il est manifeste que la lumière du soleil
» est un mélange de rayons hétérogènes, dont
» les uns font constamment plus réfrangibles
» que les autres ».

Mais, Messieurs, j'ai analysé toutes ces expériences avec un soin particulier, & j'ai démontré que les résultats de la Iᵉ font équivoques,
même faux : équivoques, en ce que Newton a
confondu les phénomènes de la réfraction des
rayons réfléchis par la bande de papier, peinte
moitié en bleu, moitié en rouge, avec les phénomènes de la déviation des rayons décomposés fur les bords de cette bande : faux, en
ce que les iris qui paroissent aux bords d'un
objet vu à travers un prisme, & qui proviennent
de ces rayons déviés, peuvent être supprimées
fans que l'image soit moins distincte que fi l'objet étoit vu à œil nud ; or ce font ces iris qui
par la disposition de leurs bandes colorées, font
paroître l'image de la moitié bleue du papier
plus élevée ou plus abaissée par les réfrac-

tions prifmatiques, que l'image de la moitié rouge.

J'ai démontré auffi que les réfultats de la IIᵉ Expérience font faux ; & cela fimplement en éclairant mieux l'objet que n'avoit fait Newton.

J'ai démontré encore que dans la IIIᵉ Expérience, ce profond Géomètre ne tient aucun compte des rayons folaires déviés autour du foleil ou du trou qui leur donne paffage, & décompofés avant leur incidence fur le prifme. Inconféquence frappante qui fe retrouve dans toutes les autres expériences, où il fuppofe toujours contre les faits égale incidence & inégale réfraction des rayons hétérogènes. Ainfi quel que foit le nombre des prifmes qu'ils viennent à traverfer, jamais ils ne fe réfractent plus ou moins en apparence, que parce qu'ils fe font plus ou moins déviés en effet. Preuve convaincante, s'il en eft, que cette fameufe expérience eft illufoire, de même que toutes les autres du même genre.

J'ai fait plus, j'ai comparé géométriquement les phénomènes de la formation du fpectre à la doctrine de la différente réfrangibilité de ces rayons, & j'ai démontré d'une manière victorieufe, que loin de s'y appliquer heureufement, elle leur eft diamétralement oppofée.

A l'égard de la IVe EXPÉRIENCE, j'ai démontré qu'elle rentre dans la IIIe, dont elle a tous les défauts. J'ai fait voir en outre que les iris dont un objet lumineux, vu à certaine diftance au travers d'un prifme, paroît bordé ou couvert, ne viennent que des rayons déviés & décompofés à fa circonférence ; puifqu'ils diminuent confidérablement ou difparoiffent même tout-à-fait, lorfque cet objet eft fort près du prifme, quelqu'éloigné d'ailleurs qu'en foit le plan où l'image eft projetée : phénomène qui ne peut réfulter que d'une différente incidence des rayons, de l'un à l'autre cas.

Après avoir établi fur des preuves inconteftables que, dans la Ve EXPÉRIENCE, le fpectre formé par le fecond prifme n'a point la figure qui devroit réfulter de la différente réfrangibilité prétendue des rayons hétérogènes ; j'ai fait voir que Newton n'avoit pas même obfervé avec attention la figure oblique qu'il décrit avec tant d'art, puifqu'elle forme une courbe, au lieu de former une droite.

Puis j'ai démontré qu'en projetant bout à bout fix fpectres formés de la même manière, on

les voit décrire un arc de cercle, quand on les
regarde à travers un prifme dont l'axe eft parallèle à leur longueur : phénomène dont il
faudroit néceffairement inférer ; d'une part, que
parmi les rayons hétérogènes, les violets comme
les rouges font à la fois & les plus réfrangibles
& les moins réfrangibles ; d'une autre part, que
tous les rayons homogènes font en même temps
& plus réfrangibles & moins réfrangibles qu'eux-
mêmes, conféquences dont l'abfurdité révolte.

A l'égard de la VIᵉ EXPÉRIENCE, j'ai obfervé que les rayons hétérogènes, dont l'Auteur
fuppofe l'incidence égale, tombent avec différentes directions fur les deux prifmes qui les
réfractent, fuite de leurs différentes inflexions
aux bords du trou deftiné à tranfmettre le faif-
cèau folaire ; & j'ai fait voir que de-là uniquement réfulte la féparation des images formées
au fond de l'œil par ces rayons doublement réfractés, & non de leur différente réfrangibilité
prétendue, comme l'Auteur le veut.

Au fujet de la VIIᵉ EXPÉRIENCE, j'ai prouvé
que la diftance des images des petits objets,
éclairés par des rayons hétérogènes de deux
fpectres, & vus à travers un prifme, vient
de la différente incidence de ces rayons

déviés & décomposés aux bords du trou qui leur donne paſſage.

Quant à la VIIIe Expérience, j'ai démontré que ſes réſultats ſont abſolument faux ; puiſqu'en projetant ſur un livre les rayons d'un ſpectre fort raccourci , mais rendus parallèles ; les images des caractères illuminés à la fois de toutes les couleurs, & comparées d'un ſeul coup d'œil, ont toute leur netteté préciſément au même point..

J'ai prouvé dans la IXe Expérience, que le raiſonnement de l'Auteur porte à faux ; parce que les rayons ſolaires ne tombent pas perpendiculairement ſur le premier priſme , comme il le ſuppoſe.

J'ai démontré enſuite que même d'après ſes principes, il ſeroit de toute impoſſibilité que le champ de ces rayons pût conſerver ſa blancheur à leur émergence de ce priſme, dès l'inſtant qu'une ſeule eſpèce des hétérogènes viendroit à en être ſéparée par réflexion. Puis j'ai fait voir que la baſe du priſme ne réfléchit pas les rayons hétérogènes plutôt les uns que les autres, en vertu de leur différente réflexibilité prétendue , mais en vertu de leur différente déviation aux bords du trou qui leur donne paſſage.

Enfin

Enfin j'ai démontré que dans la Xe Expérience, les rayons hétérogènes ne font pas féparés par les furfaces réfléchiffantes des prifmes
adoffés, en vertu de leur différente réflexibilité prétendue. J'ai démontré auffi que les phénomènes que préfente le champ des rayons
émergens d'un parallélipipède, fait de deux
prifmes de 30° chacun, loin de s'accorder avec
la doctrine de la différente réflexibilité, la ren-
verfent fans reffource.

J'ai démontré encore qu'après avoir cru fouf-
traire du faifceau, par l'obliquité des furfaces réfléchiffantes, telle ou telle efpèce de ces rayons, ils
reparoiffent à volonté, en fefant paffer ceux qui
reftent à travers un petit trou percé dans un corps
quelconque : phénomène inconcevable dans le
fyftème de l'Auteur; puifqu'il faudroit fuppofer
que cette méthode fi fimple auroit fait reparoître dans le faifceau des rayons qui ne s'y
trouvoient plus.

De l'examen approfondi dans lequel je fuis
entré, le Lecteur inftruit & impartial conclura
fans doute que les Expériences données par
Newton, en preuve du fyftème de la différente
réfrangibilité, ne font rien moins que décifives.

J'ai rempli la tâche impofée par l'Académie.

H

En analyfant ces Expériences', je les ai dépouil-
lées de ce qu'elles ont d'impofant ; j'en ai fait
voir les défauts , & j'ai démontré par des faits
fimples , uniformes , invariables , qu'elles font
toutes fauffes ou illufoires. Arrivé au terme de
la carrière , fouffrez , Meffieurs , que je m'arrête ,
& que du point où je fuis parvenu, je jette un
coup d'œil fur les routes nouvelles que je viens
de m'ouvrir , pour vous inviter à les reconnoître ,
en vous remettant le flambeau qui m'a guidé.

MÉMOIRE

*Sur la prétendue différente réfran-
gibilité des Rayons hétérogènes.*

Multa paucis.

H 2

OBSERVATIONS ESSENCIELLES.

COMME ce Mémoire traite de phénomènes jufqu'ici inconnus, il importe de commencer par s'en faire une idée vraie, en répétant les expériences deftinées à les développer.

Les inftrumens indifpenfables pour répéter ces expériences, font :

1°. Une lentiile convexe, de 3 pouces de diamètre, & de 8 pouces de foyer.

2°. Un prifme de 10 à 12 degrés, & de 18 lignes de faces.

3°. Un prifme de 30 à 40 degrés, & de 18 lignes de faces.

4°. Un prifme de 62 à 63 degrés, & de 18 lignes de faces.

5°. Un prifme à eau, de 70 degrés, & de 6 pouces de faces.

Tous ces inftrumens doivent être d'un travail régulier, & de verre très-pur, c'eft-à-dire, choifi par ma méthode d'obferver dans la chambre obfcure, la feule parfaite pour le choix des verres deftinés à l'Optique.

6°. Trois diaphragmes de carton, chacun d'un pied de diamètre, & percés ; l'un, d'un trou de 3

H 3

lignes ; l'autre , d'un trou de 6 lignes ; & l'autre, d'un trou de 15 lignes.

7°. Un plan paſſé au blanc mat.

8°. Pluſieurs ſupports à colonne & à tige, propres à recevoir ces diaphragmes & ce plan, de même qu'à les fixer à hauteur convenable , au moyen d'une vis de preſſion.

9°. Une feuille de carton blanc ſatiné.

10°. Un carré de carton noir ſur lequel ſera collée une bandelette de papier blanc.

MÉMOIRE.

PROGRAMME.

« *Les Expériences sur lesquelles Newton*
» *établit la différente réfrangibilité des*
» *rayons hétérogènes , sont - elles déci-*
» *sives ou illusoires ?* »

S'IL est en Physique un point de doctrine
qui parut incontestable, c'est sans doute celui
de la différente réfrangibilité. Quelle multitude
d'expériences faites pour l'établir ! expériences où
le génie s'est plu à déployer toutes ses richesses ;
expériences dont la Nature sembloit avoir pris
à tâche de confirmer les conséquences, & la
Géométrie les applications ; expériences que les
maîtres de l'art ont consacrées d'une voix
unanime.

H 4

Malgré tant de preuves réunies, tant de fuffrages impofans, croira-t-on qu'un Auteur de
nos jours (1) n'a pas craint de réclamer contre
l'immortel Newton ? Il a attaqué avec force cette
partie du *fyftême des Couleurs*, il a taxé d'illufoires
les faits qui concourent à l'étayer ; & il faut en
convenir, fi fes raifons ne font pas de nature à
entraîner tous les efprits, elles font plus que
fuffifantes pour forcer au doute les obfervateurs
judicieux.

Un Amateur diftingué voulant étouffer l'erreur à fa naiffance ou faire triompher la vérité, a remis à votre examen la décifion de
cette importante matière ; & vous venez, Meffieurs, d'inviter les Phyficiens à vous faire part
des faits propres à déterminer votre jugement.
Rien ne prouve mieux les progrès de la Philofophie parmi nous, que de voir une Compagnie célèbre remettre en queftion un point fondamental d'Optique, confacré jufqu'à ce jour
par l'admiration de l'Europe favante. Je ne
craindrai donc plus de le dire ; fi la doctrine de
la différente réfrangibilité des rayons hétérogènes

---

(1) L'Auteur *des Découvertes fur la lumière* & *des No-*
tions élémentaires d'Optique eft le premier qui fe foit
jamais infcrit en faux contre la doctrine de la différente
réfrangibilité.

paroît porter fur des expériences décifives, elle n'eft rien moins que démontrée.

Qu'il me feroit aifé de préfenter ces expériences fous leurs différentes faces, & d'en faire voir les défauts! mais on fe perdroit dans une infinité d'obfervations fuperflues, s'il falloit pefer toutes les raifons qui rendent équivoques leurs réfultats.

Qu'il me feroit aifé encore de faire voir qu'il fuffit de varier ces expériences, pour en tirer des réfultats différens, fouvent même oppofés! genre de preuve beaucoup plus fort que celui d'invalider les raifonnemens de l'Auteur. Je fuis bien éloigné cependant de fuivre une pareille marche : maître de renverfer d'un feul coup les fondemens de l'édifice, pourrois-je m'amufer à le détruire peu-à-peu?

Il s'agit de démontrer que cet édifice pofe fur le fable : commençons, Meffieurs, par l'expofé de quelques principes qui répandront le plus grand jour fur ma démonftration.

C'eft une loi certaine de Dioptrique, qu'un rayon, qui traverfe différens milieux, ne fe réfracte jamais à leurs furfaces, à moins qu'il ne les traverfe obliquement.

Si chaque milieu est terminé par des surfaces
parallèles, les rayons incidens & les rayons
émergens se réfracteront au même degré & en
sens contraires : d'où il suit que les derniers seront exactement parallèles aux premiers. Or
dans le système Newtonien, les rayons immédiats du Soleil, au sortir de pareils milieux,
paroîtront n'avoir souffert aucune décomposition ; leur champ doit donc être sans iris.

Si l'un de ces milieux est terminé par des
surfaces inclinées entr'elles, les réfractions ne se
compenseront plus, & les rayons du Soleil paroîtront nécessairement décomposés : parce que
les hétérogènes ne sont pas également réfrangi-
gibles.

Quel que soit ce milieu, la séparation des rayons
ne peut commencer à se faire que du côté où la
réfraction les porte : d'où il suit que les phénomènes doivent changer avec l'inclinaison, ou
plutôt la figure des surfaces réfringentes, & la
distance du plan où les rayons viennent à être
projetés.

Pour simplifier notre examen, supposons
ce milieu terminé par deux surfaces seulement.

Ces surfaces sont-elles sphériques ? — A quelque distance que le plan soit interposé, excepté
au foyer ; le champ de lumière sera toujours

circonfcrit d'iris plus ou moins étendues, & le
centre n'en fera jamais acolore : avec cette différence toutefois que fi les rayons réfractés convergent, les moins réfrangibles formeront les
iris apparentes des bords, tandis que les plus
réfrangibles coloreront le centre ; mais fi les
rayons réfractés divergent, les plus réfrangibles formeront les iris apparentes des bords,
tandis que les moins réfrangibles coloreront le
centre.

Ces furfaces font-elles planes ? — Si le plan
où les rayons fe trouvent projetés eft à petite
diftance, le feul côté du champ de lumière où
porte la réfraction fera bordé d'iris. Si ce plan
eft à diftance confidérable, ces bandes feront
efpacées par des intervalles obfcurs. Conféquences néceffaires de l'écartement relatif des
rayons hétérogènes qui viennent à diverger.

Le champ qu'ils forment eft-il élevé ou
abaiffé par la réfraction ? — Les bandes colorées paroîtront d'autant plus élevées ou d'autant
plus abaiffées, que leurs rayons refpectifs font
plus réfrangibles. La réfrangibilité relative des
hétérogènes eft donc déterminée par la différence
de la réfraction totale des plus réfrangibles à la
réfraction totale des moins réfrangibles ; ou ce
qui revient au même, par la différence des angles
qui mefurent ces réfractions.

Ainfi quand les rayons font réfractés par un milieu à furfaces planes, la différente réfrangibilité des hétérogènes fe mefure par l'angle qu'ils forment avec les rayons incidens prolongés ; ou par la différence de leurs diftances focales, quand les furfaces du milieu font fphériques.

A quelque diftance que foient projetés les rayons folaires réfractés par une lentille convexe ou par un prifme, leur champ ne peut donc jamais être exempt d'iris.

Voilà, Meffieurs, des conféquences néceffaires de l'hypothèfe de la différente réfrangibilité ; conféquences rigoureufement affujetties aux lois de la Dioptrique., & avouées de tous ceux qui font verfés dans cette fcience : elles nous ferviront de règles dans l'examen qui va nous occuper.

Mais comme il eft hors de doute que les rayons de lumière fe dévient & fe décompofent toujours en paffant à certaine diftance des corps, ce que Newton n'ignoroit certainement pas (1) ; les phénomènes produits par les rayons déviés & décompofés à la circonférence

_____

(1) Voyez dans la *Nouvelle Traduction de fon Optique*, le Livre I I I, où il s'étend fort au long fur l'expérience de Grimaldi.

des objets vus à travers des verres lenticulaires
ou prifmatiques, de même qu'à la circonférence
du trou deftiné à les tranfmettre à ces verres,
doivent immancablement fe combiner avec les
phénomènes qu'il fuppofe produits par la différente réfrangibilité des rayons hétérogènes.
L'analyfe peut feule les féparer : mais c'eft au
raifonnement à faire voir leurs différences, à
les ramener chacun à leur caufe particulière.

Que faut-il donc pour prouver fans replique
la faulfeté du fyftême Newtonien ? —— Deux
chofes : démontrer que les rayons de lumière
ne fe décompofent jamais en traverfant obliquement une lentille, un prifme, ou tout autre
milieu à furfaces inclinées ; puis démontrer que
les couleurs, dont leur champ eft circonfcrit
ou couvert, appartiennent uniquement à la différente déviation des rayons hétérogènes décompofés à la circonférence des corps. Ce qui
va être conftaté par une fuite d'expériences extrêmement fimples, quoique très-variées ; mais
fi neuves, qu'elles furprendront fans doute tous
ceux qui connoiffent l'Optique ; & fi décifives,
que nul obfervateur impartial n'héfitera de fouf-
crire aux conféquences que j'en tirerai.

Les phénomènes qu'elles préfentent font uniformes & invariables, comme les lois de la Nature dont ils découlent ; je les diftinguerai ce-

pendant en cinq claſſes , relativement aux diſ-
férentes méthodes employées à les développer.

PREMIÈRE CLASSE.

On a vu que dans l'hypothèſe de la différente réfrangibilité, c'eſt à l'un des côtés du
champ formé d'un faiſceau de rayons immédiats du Soleil, tranſmis par un trou rond &
à travers un priſme , que doit commencer la
ſéparation des hétérogènes. Ainſi , lorſque le
plan où ils ſont projetés ſe trouve à très-petite diſtance, le ſeul côté (1) vers lequel porte
la réfraction devroit paroître coloré. Mais lorſque ce plan eſt à certaine diſtance , tout le champ
devroit paroître couvert de bandes de différentes couleurs, ſi tant eſt que les rayons hétérogènes ſoient différemment réfrangibles.

Par la même raiſon , en regardant à certaine
diſtance au travers d'un priſme (2) une ſurface

---

(1) En interpoſant le plan très-proche du priſme,
on voit toujours le champ circonſcrit d'iris. Je ne m'arrête pas ici à faire obſerver combien les phénomènes de
la Nature ſont peu conformes aux principes de l'Auteur ; je me borne à démontrer qu'ils lui ſont diamétralement oppoſés.

(2) Le priſme employé dans cette expérience & les
ſuivantes , eſt équilatéral ou à-peu-près.

blanche, unie (1) & fort étendue ; le champ que l'œil peut embraſſer devroit conſtamment paroître couvert de bandes différemment colorées, ou tout au moins bordé d'iris. *Cependant, lorſqu'on regarde de la ſorte le ciel couvert de vapeurs, quelque partie qu'on en découvre, toujours elle paroît acolore & bien terminée, ſans qu'on apperçoive la moindre iris aux bords des ſurfaces réfringentes, pas même quand elles ſont fort éloignées (2) de l'œil. Mais, ſi on regarde des objets iſolés coupant ſur ce fond, quoique leur diſtance ſoit peu conſidérable, & que l'organe ſoit appliqué contre l'inſtrument, ils paroîtront toujours bordés ou couverts d'iris, ſuivant qu'ils ont plus ou moins d'étendue.* La lumière qui forme ces iris ſe décompoſe donc à la circonférence de ces objets, & non en ſe réfractant aux ſurfaces du priſme.

Après avoir rétréci le champ de la viſion, au moyen d'un diſque de papier noir percé d'un trou de

Exp. 1.

Exp. 2.

Exp. 3.

---

(1) Je dis unie, parce que la lumière ſe décompoſe toujours autour des petites éminences d'un corps mal poli.

(2) Dans le ſyſtème Newtonien, la lumière n'eſt ſuppoſée ſe décompoſer qu'aux ſurfaces du priſme, ou plutôt dans l'intervalle du priſme à l'œil : ainſi la circonſtance la plus favorable à cette décompoſition, eſt que l'œil ſoit fort éloigné du priſme, & le priſme fort proche de l'objet.

quatre lignes & collé à la dernière surface réfringente, si on regarde un objet blanc & uni, tel
qu'une feuille de carton lisse ; tant que les bords en
Exp. 4. seront apperçus, ils paroîtront couverts d'iris. Mais
si on éloigne assez de l'œil le prisme, ou si on diminue assez l'ouverture (1) du diaphragme, pour que
les bords de cette surface soient cachés, toujours
la partie visible paroîtra acolore & bien terminée (2).
Alors qu'on regarde quelqu'objet isolé coupant sur ce
fond acolore, il paroîtra constamment bordé ou couvert d'iris, suivant qu'il aura plus ou moins d'étendue, quoique sa distance soit beaucoup moindre.
—— La lumière qui forme ces iris se décompose donc à la circonférence de cet objet, & non
en se réfractant aux surfaces du prisme.

SECONDE CLASSE.

Sans doute, les iris qui bordent ou recou-
vrent l'image d'un objet vu au prisme, viennent uniquement des rayons déviés & décomposés à sa circonférence ; mais pour faire

---

(1) N'eût-elle qu'un quart de ligne.
Exp. 5.   (2) L'expérience réussit à merveille, & donne des résultats très-brillans, lorsqu'on regarde le ciel à travers un
petit diaphragme appliqué à l'une des surfaces réfringentes,
quoique le prisme soit à quatre toises de l'œil.

paroître

paroître un objet irifé, ces rayons doivent tomber fur le milieu réfringent, à certaine diftance de ceux qui viennent des bords de fa furface: ce qui fuppofe certaine diftance du prifme à l'objet. Vérité que je vais mettre dans tout fon jour.

Qu'on place le prifme fur un carton blanc &   Exp. 6.
liffe, enfuite qu'on regarde le carton à travers l'un des angles réfringens ; à quelque diftance que l'œil fe trouve, tant qu'il eft dans (1) *la direction des rayons réfractés, la partie vifible paroît conftamment acolore & bien terminée.* Puis donc que les iris difparoiffent dès que les bords de l'objet fe trouvent cachés, il eft inconteftable qu'elles font uniquement produites par les rayons dé-

___

(1) Les objets étant vus à travers la furface pofée fur le plan & la furface oppofée au fpectateur, la réfraction porte néceffairement les rayons vers la bafe de l'angle formé par ces furfaces : il faut donc élever l'œil vers cette bafe pour qu'il foit dans la direction des rayons réfractés ; & plus l'œil eft élevé, plus les réfractions deviennent confidérables.

Le prifme étant pofé fur la bandelette, on pourroit objecter que les rayons incidens ne paffant pas de l'air dans le verre, les réfractions font moindres ; mais je   Exp. 7.
prie le Lecteur d'obferver que les phénomènes font parfaitement identiques, lorfque le prifme eft à une ligne de la bandelette.

viés & décomposés à la circonférence de cet objet.

Ces bords font-ils visibles ? —— Ils paroîtront de même sans iris, pourvu que les rayons déviés & décomposés à la circonférence tombent sur le prisme, à très-peu près, avec les mêmes directions que ceux qui sont réfléchis par les bords de la superficie de cet objet. *Lorsque le prisme est posé sur une bandelette de papier blanc, étroite, très-mince, & collée exactement à un carton noir ; si on la regarde à travers l'un des angles réfringens, à quelque distance que l'œil se trouve, tant qu'il est dans la direction des rayons réfractés, elle paroîtra acolore & bien terminée, lors même que la grandeur & l'inégalité des réfractions la fait paroître aussi déliée qu'un cheveu, ou que la distance de l'œil au prisme est très-considérable (1).*

Exp. 8.

---

(1) Si l'on objectoit que le prisme étant posé sur la bandelette, la lumière entre par la face opposée à celle d'où elle émerge, se réfracte en sens contraires, & continue à être acolore au moyen de ces réfractions qui se compensent ; je répondrai que l'objection n'a aucun poids, tant que ces faces ne sont pas également inclinées à leur base. Or, le phénomène n'a pas moins lieu, lorsque le prisme est scalène, que lorsqu'il est équiangle : alors les réfractions inégales à l'entrée & à la sortie des

Ces phénomènes font invariables, quelqu'inclinées que foient entr'elles les furfaces réfringentes, quelque confidérables que foient les
réfractions : la lumière réfléchie par des objets
blancs eft donc tranfmife à travers des milieux
à furfaces inclinées, fans fouffrir aucune décompofition ; les rayons hétérogènes fe réfractent
donc tous également à ces furfaces, ils font
donc tous également réfrangibles.

TROISIEME CLASSE.

Si les rayons qui produifent les iris d'un objet
vu au prifme venoient de fa furface, & fi les
rayons hétérogènes étoient différemment réfrangibles ; tant que le prifme eft feul interpofé,

___

rayons ceffent de fe compenfer ; l'objet devroit donc
paroître irifé, cependant il eft acolore.

Il n'eft pas moins acolore non plus, lorfque la lumière qui l'éclaire entre & fort par la même face du
prifme : dans ce cas, les rayons deux fois réfractés par
le même angle, devroient produire des iris deux fois
plus étendues.

Enfin, il n'eft pas moins acolore, lorfque le prifme
ceffant d'être pofé fur la bandelette, fe trouve placé de
manière qu'elle eft éclairée immédiatement, pourvu
qu'il en foit à très-petite diftance.

L'objection eft donc nulle, & l'expérience refte dans
toute fa force contre la doctrine de Newton.

il feroit impoffible de faire difparoître ces iris, quelque moyen que l'on mît en ufage : cependant il eft très-facile de les fupprimer, & de faire paroître l'objet auffi bien terminé qu'il l'eft

Exp. 9. *à œil nud. Pour cela il fuffit d'intercepter les rayons déviés & décompofés à fa circonférence, en élevant ou en abaiffant le bord d'une bandelette de carte vers l'axe vifuel, fuivant que le fommet de l'angle réfringent eft tourné en haut ou en bas* (1).

Quelque ouverture qu'ait le prifme, les réfultats font les mêmes. Mais pour que l'expérience réuffiffe, les rayons de l'auréole doivent être fupprimés, avant que la réfraction les ait trop projetés dans le champ de lumière : il importe donc que la diftance du prifme à l'œil & à l'objet foit proportionnelle à l'ouverture de l'angle réfringent. Règle générale : les iris ne doivent. pas recouvrir les bords de l'objet plus

---

(1) Si on abaiffe le bord de la bandelette vers le milieu de la pupille, lorfque l'image eft abaiffée par la réfraction, & réciproquement ; loin que les iris foient fupprimées, elles paroîtront plus vives, plus grandes. Et cela doit être ; car dans ce cas, les rayons déviés aux bords de la bandelette entrent dans l'œil avec ceux qui viennent de l'objet en expérience : au lieu que cela n'arrive pas lorfque la bandelette s'avance du côté oppofé au fommet de l'angle réfringent.

d'une ou deux lignes, le prisme doit être à (1) plusieurs pouces de l'œil, & la bandelette en être extrêmement proche. *Lors donc qu'à travers un prisme de 25 à 30 degrés, on regarde le bord supérieur d'une bougie allumée, ou plutôt d'un carré de papier blanc fixé à côté de la flamme ; si l'image est élevée par la réfraction, l'iris bleue & violette qui le couvre (2) disparoîtra, en abaissant d'une manière convenable la bandelette vers le centre de la pupille (3) : si l'image est abaissée par la réfraction, l'iris jaune & rouge qui le couvre disparoîtra de même, en élevant la bandelette ; & dans ces deux cas le bord du papier paroîtra aussi nettement terminé qu'à œil nud.*

Exp. 10.

---

(1) A 8 pouces, par exemple, si le prisme a 20 degrés, & si la bandelette est à une ligne de la pupille.

Une observation non moins singulière à faire, c'est que les iris d'un objet dont on voit les bords, paroissent en sens inverses, à œil nud & à travers un prisme.

(2) Si on abaisse trop la bandelette, le bord du papier paroîtra teint de jaune & d'orangé sale ; teintes produites par les rayons déviés & décomposés aux bords de la bandelette. Mais la preuve que le mélange de ces rayons ne contribue en rien à la blancheur apparente du bord de l'image, c'est que l'iris jaune & rouge est de même supprimée, lorsque le sommet de l'angle réfringent est tourné en bas ; alors toutefois elle devroit devenir & plus vive & plus large.

(3) C'est le point par où passe l'axe optique.

I 3

Exp. 11.

En regardant la flamme d'une bougie à travers un prisme de dix à douze degrés, & dont l'axe soit perpendiculaire à l'horison, qu'on tienne l'instrument à quinze pouces de l'œil, & qu'on approche du centre de la pupille le bord de la bandelette ; les phénomènes seront semblables (1).

Exp. 12.

Après avoir disposé un disque de carton noir ayant un trou de six lignes au milieu, devant un disque égal de papier blanc lisse & bien éclairé, qu'à travers un prisme de 60 à 64 degrés, tenu à 7 ou 8 pouces de l'œil, on regarde le petit champ de lumière ; il paroîtra circonscrit d'iris en forme de croissans. Alors qu'on approche du centre de la pupille le bord de la bandelette, ces iris disparoîtront tour-à-tour, & le champ paroîtra nettement

Exp. 13.

terminé. Il en sera de même si au lieu de regarder le petit disque de papier blanc, on regarde le ciel par un trou de quelques lignes. Phénomènes aussi uniformes qu'invariables, mais impossibles à concevoir dans le système Newtonien. Puis donc que les iris d'un objet vu à travers un prisme peuvent être supprimées, sans que l'objet lui-même paroisse moins nettement terminé que s'il étoit vu à œil nud ; il est manifeste qu'elles

(1) En inclinant peu la première surface du prisme aux rayons incidens, les iris s'étendent ; & toutefois on les supprime avec plus de facilité.

proviennent uniquement des rayons qui fe dévient & fe décompofent autour de cet objet ou
autour du trou qui leur livre paffage. Et puifqu'un objet blanc, vu à travers un milieu réfringent à furfaces inclinées, peut paroître acolore
lore & bien terminé ; il eft indubitable que la
lumière ne fe décompofe jamais en s'y réfractant. Les rayons hétérogènes ne diffèrent donc
point en réfrangibilité.

QUATRIEME CLASSE.

Nous avons démontré que les iris d'un objet vu
au prifme, viennent uniquement des rayons déviés
& décompofés à fa circonférence. Nous avons
démontré auffi que cet objet eft exempt d'iris &
bien terminé, lorfqu'il eft appliqué contre le
prifme à travers lequel on l'apperçoit. Nous
avons démontré encore que les iris dont il paroît bordé, dans le premier cas, peuvent être
aifément fupprimées. Démontrons que ces iris
ne font pas moins apparentes à œil nud qu'au
travers de différens milieux à furfaces inclinées.

Qu'on regarde à travers un petit trou (I) *fait*   Exp. 14.
à une carte, ou à travers un prifme mince, un ob-
jet quelconque, placé à 20, 30, 40 pieds de dif-

(I) D'une ligne.

I 4

tance ; les phénomènes seront exactement semblables.
Mais pour mieux assurer le succès de l'expérience,
il faut que l'axe visuel rase le bord du trou de la
carte, du côté où l'objet est placé, & que la carte
soit près de l'œil.

Or si cet objet est une épingle noire perpendiculaire à l'horison ; vue contre le ciel, elle paroîtra couverte de trois bandes colorées, comme si
elle étoit vue au travers d'un prisme dont l'axe
fût aussi perpendiculaire à l'horison. L'ordre des
couleurs deviendra inverse à mesure que l'axe visuel passera d'un bord à l'autre de ce diaphragme ;
comme il le devient lorsque le sommet de l'angle réfringent est tourné à droite ou à gauche.

Si c'est une épingle blanche ; vue sur fond noir,
elle offrira les couleurs du spectre.

Si c'est la flamme d'une bougie ; à l'un des côtés,
elle paroîtra liserée de rouge & de jaune ; de bleu
& de violet, à l'autre côté : comme fait une surface
blanche vue sur fond noir.

Si c'est une surface noire, vue sur fond blanc :
l'ordre des couleurs sera inverse.

Puis donc que les objets vus à travers un
petit (1) trou, paroissent bordés ou couverts

_____

(1) Ces expériences exigent quelque adresse. Comme
il importe de prêter beaucoup d'attention aux phénomènes ; on fera bien de se tenir dans une chambre

d'iris, comme s'ils étoient vus à travers un prisme mince; les réfractions prismatiques ne font pas la caufe de ces phénomènes. La lumière ne fe décompofe donc pas en fe réfractant, & les rayons hétérogènes ne font pas différemment réfrangibles.

Ces preuves, Meffieurs, font victorieufes; il en eft pourtant de plus triomphantes encore.

CINQUIEME CLASSE.

Si les iris qui paroiffent couvrir un objet lumineux vu fur un fond quelconque, au travers d'un prifme, viennent toujours des rayons réfléchis (1) par ce fond, puis déviés & décompofés autour de cet objet ; les iris qui paroiffent dans le champ de lumière d'un faifceau de rayons folaires, tranfmis à petite diftance par un prifme, viennent auffi de la déviation & de la décompofition d'une partie de ces rayons autour du Soleil & aux bords du

---

obfcure, & de regarder par un petit trou fait au volet les objets du dehors, convenablement éclairés.

(1) Fût-il noir : il eft de fait que les corps les plus noirs réfléchiffent toujours certaine quantité de lumière blanche ; car, même avec le jayet, on peut faire de paffables miroirs.

trou deftiné à leur livrer paffage. Or, du mélange de ces rayons déviés, décompofés & réfractés, réfultent les teintes du fpectre. —— Il
eft vrai, dira-t-on fans doute, que la lumière
fe décompofe toujours en paffant le long des
corps : mais à voir la foibleffe des teintes produites dans l'expérience de Grimaldi, quelle
apparence que les couleurs éclatantes du fpectre
viennent de la même caufe? ——Pour fentir le peu
de poids de cette objection, il fuffit de comparer la denfité de la lumière dans le faifceau
des rayons folaires tranfmis au prifme par un
trou de quatre lignes, à la rareté de la lumière
dans le pinceau des rayons folaires tranfmis par un
trou d'épingle, au fond d'une chambre obfcure.

Les teintes du fpectre, ai-je dit, réfultent
uniquement du mélange des rayons déviés &
décompofés autour du foleil, & aux bords du
trou qui leur livre paffage, puis réfractés par
le prifme qu'ils traverfent ; & cela eft très-vrai.
Mais comme les hétérogènes ne fe féparent qu'en
vertu de l'attraction que tout corps exerce avec
plus d'énergie fur les uns que fur les autres,
comme le nombre de leurs couches augmente
avec la groffeur du faifceau, & comme de
grandes réfractions jettent au milieu du champ
ceux des bords; il eft extrêmement difficile, ou
plutôt impoffible, de féparer dans le fpectre

formé par un prifme ordinaire (1), les rayons décompofés de la circonférence du faifceau, des rayons près de l'axe qui n'ont foufert aucune décompofition. Rien de fi facile toutefois que de les féparer dans le fpectre formé par un prifme au-deffous de 40 degrés.

Ainfi, après avoir fait paffer un faifceau de Exp. 15. *rayons folaires de 12 à 15 lignes de diamètre, à travers un prifme de 10 degrés, convenablement placé pour que les réfractions à fes furfaces foient égales ; qu'on projete ces rayons fur un carton blanchi, interpofé à 15 pieds de diftance, ils for-* Fig. 1. *meront un champ de lumière un peu oblong, blanc au milieu, & circonfcrit de larges croiffans co-lorés. Qu'au moyen d'un difque de papier noir, percé d'un trou d'une ligne, & interpofé à un pouce du prifme, on donne fucceffivement paffage aux rayons qui forment la partie blanche du champ ; ils offriront conftamment les mêmes phénomènes que le faifceau entier, à cela près que leur champ fera beaucoup plus petit.*

Jufqu'ici, Meffieurs, cette expérience femble étayer le fyftéme que je combats : mais daignez me fuivre encore quelques momens, & elle nous donnera pour réfultats de nouveaux faits qui le fappent fans reffource : faits inconnus jufqu'à ce

---

(1) Prifme de verre folide, de 62 à 64 degrés.

jour : fi neufs, qu'on peut à peine les croire ; & fi décififs, qu'à leur vue les plus zélés défenfeurs de ce fyftême feront réduits au filence.

Exp. 16.

Au carton fur lequel les rayons font projetés, qu'on fubftitue un grand diaphragme (1) de 15 li-gnes d'ouverture, de manière à intercepter les croif-fans colorés, & qu'on projete enfuite les rayons de la partie acolore fur le carton interpofé à 15 pieds de diftance ; ils y formeront encore un champ un peu ovale, blanc au milieu, & circonfcrit de croiffans colorés, femblables aux précédens, à l'étendue de leurs teintes près. Alors, qu'au moyen d'un troifième diaphragme de 5 à 6 lignes d'ouverture on fupprime ces nouveaux croiffans, qu'enfuite on projete les rayons du milieu fur le carton blanchi, placé per-pendiculairement à leur axe, 10, 20, 30 pieds

Fig. 2.

plus loin ; on aura un champ circulaire & acolore, mais environné d'une pénombre & d'une auréole, comme il le feroit s'il n'y avoit point de prifme in-terpofé. —— Puis donc que le champ de lumière eft conftamment ovale & circonfcrit de croif-fans colorés, en quelqu'endroit qu'on interpofe le premier diaphragme ; & puifqu'il devient conf-tamment circulaire & acolore, quand on en fépare les croiffans colorés au moyen de plu-

---

(1) Difque de carton, d'un pied en diamètre, & percé d'un trou au milieu.

Leurs diaphragmes de plus grande ouverture; ſes couleurs, conſéquemment celles du ſpeɧre, viennent indubitablement des rayons de la circonférence du faiſceau ſolaire, c'eſt-à-dire, des rayons décompoſés autour du ſoleil & aux bords du trou qui leur livre paſſage (1).

Qu'on ſupprime le premier diaphragme, les phé- Exp. 17.
nomènes ſeront identiques. Ils le ſeront pareillement,
ſi le faiſceau n'a que 3 lignes en diamètre, & ſi
à 20 pieds de diſtance on interpoſe un ſeul dia-
phragme, dont l'ouverture ne tranſmette (2) que
les rayons du milieu, vînt-on même à les projeter
à 100, 200, 300 pieds de diſtance.

Le champ de lumière reſte donc circulaire & acolore, quand au moyen d'un ſimple diaphragme, on ſupprime totalement les rayons décompoſés autour du ſoleil, & aux bords du trou fait au volet pour les tranſmettre au priſme.

Après avoir introduit dans la chambre obſcure Exp. 19.
les rayons ſolaires par un trou d'épingle, qu'à quel-
ques pouces du priſme qui les tranſmet, on inter-

---

(1) Elle peut avoir juſqu'à ſix lignes en diamètre.

(2) Je dis, & aux bords du trou qui leur livre paſſage; car les rayons acolores du champ reproduiſent toujours de nouveaux croiſſans colorés, lorſqu'on les fait paſſer par un ſecond priſme.

pose un diaphragme de 3 lignes d'ouverture ; & qu'on projete sur le carton blanchi, placé à 10 pieds du diaphragme, les rayons du milieu du faisceau ; leur champ sera parfaitement circulaire & acolore : qu'ensuite on place le carton à 30, 40, 50 pieds de distance ; ils offriront un ordre de phénomènes entièrement opposés à ceux du spectre. Non-seulement leur champ ne sera point ovale & couvert de

Fig. 3. croissans colorés : mais il sera circulaire, & circonscrit d'une auréole à plusieurs zones de différentes couleurs ; disposées en cercles concentriques, comme il le seroit s'il n'y avoit point de prisme interposé.

Les phénomènes ne changent point, quoique les réfractions prismatiques deviennent beaucoup plus considérables.

Exp. 19. Qu'au travers d'un prisme de verre ordinaire, très-pur, de 30 à 40 degrés (1), on fasse passer un petit faisceau de (2) rayons solaires : qu'on les projette ensuite sur le carton blanchi, placé à 20 pieds ; ils formeront un champ de lumière.

_____

(1) A égale inclinaison de la première surface réfringente, la longueur du spectre formé par un pareil prisme a la moitié ou les deux tiers de celle du spectre ordinaire, le mieux développé.

(2) De trois lignes.

très-ovale & entièrement couvert des couleurs du spectre. Qu'on substitue au carton un diaphragme de 4 lignes pour ne laisser passer que les rayons de la teinte du milieu ; ces rayons projetés à toute distance, perpendiculairement à leur axe, formeront un champ circulaire, mais d'un blanc légèrement verdâtre (1). Qu'à 30 pieds du premier diaphragme on en place un second de 2 lignes d'ouverture, pour donner passage aux rayons du milieu, & qu'on les projete ensuite à une distance quelconque sur le carton blanchi ; ils formeront un champ circulaire & acolore (2), mais terminé par une auréole bleuâtre & une couronne de zones colorées concentriques, comme s'il n'y avoit point de prisme interposé.

Lorsque le trou qui donne passage aux rayons immédiats n'a qu'un quart de ligne en diamètre : le

---

(1) Ce champ est presqu'entièrement formé de rayons non décomposés. Quand la suite de l'expérience ne le démontreroit pas, il seroit facile de le prouver, en les fesant passer par un second prisme ; car, après leur émergence, ils forment constamment un spectre avec toutes ses teintes.

(2) Pour que l'expérience réussisse parfaitement, il faut incliner le prisme aux rayons solaires, de manière que le spectre soit fort allongé : circonstance d'ailleurs la plus favorable au système que je combats ; car alors les rayons hétérogènes devroient être le plus séparés les uns des autres par les réfractions prismatiques.

champ eft fort petit , circulaire & acolore ; mais l'auréole en eft bleue.

Lorfque le fecond diaphragme eft à 10 pieds du
premier ; on voit, au milieu du champ, deux couronnes autour d'un point blanc ; & une feule couronne autour d'un point noir, lorfque le fecond
diaphragme eft à 20 pieds du premier.

Fig. 4.

Si par une fuite du mouvement du Soleil ou plutôt de la Terre , les feuls rayons rouges font tranfmis
par les diaphragmes ; leur champ fera rouge auffi ;
mais les couronnes paroîtront toujours différemment
colorées (1).

Enfin les phénomènes font identiques, quoique le prifme ait de 60 à 64 degrés ; pourvu
toutefois que le faifceau foit préalablement tranfmis par un verre propre à étendre le champ
de lumière , c'eft-à-dire à écarter les rayons de
la circonférence , des rayons du milieu.

Exp. 20.

Lors donc qu'après avoir fait paffer un faifceau de rayons folaires par une lentille convexe,
fi on en reçoit le foyer fur un prifme équiangle ;
au lieu de fpectre on aura un champ de lumière,
ovale & bordé de larges croiffans colorés. Si on
fupprime ces croiffans au moyen d'un diaphragme

(1) C'eft-là une preuve des plus complettes que chaque couleur du fpectre contient des rayons non décompofés.

de

de 15 à 20 lignes d'ouverture, interpofé à trois pieds du prifme ; les rayons du milieu projetés à 20, 30, 40 pieds de diftance, formeront un champ plus ou moins étendu, mais parfaitement circulaire (1) & parfaitement acolore ; comme s'il n'y avoit ni lentille ni prifme interpofés.

Les mêmes réfultats ont lieu, quoique le faif- Exp. 21. *ceau des rayons tranfmis par le milieu de la lentille foit (2) fi petit, que le champ de lumière paroiffe tout couvert des teintes du fpectre ; & cela en fefant paffer à 10 ou 12 pieds du volet, par un diaphragme de quelques lignes d'ouverture, les rayons de la teinte jaune.*

Il eſt donc hors de doute que les teintes du

---

(1) Devenu circulaire par l'interpofition du diaphragme, le champ reſte tel à très-peu près, quelle que foit la pofition du prifme mince : d'où il fuit que les différentes figures que prend le champ de lumière, par la différente inclinaifon des furfaces réfringentes, viennent uniquement des rayons qui forment ces croiffans, c'eſt-à-dire, des rayons déviés & décompofés autour du foleil & aux bords oppofés du trou qui leur donne paffage. Or, c'eſt par l'axe feul de ces rayons qu'il faut déterminer les réfractions prifmatiques ; non fur ceux de la teinte verte du fpectre, comme on l'a pratiqué jufqu'ici.

(2) On diminue ce faifceau, au moyen d'un difque de carton, percé d'un trou de demi-ligne, & placé derrière le milieu de la lentille.

K

spectre sont uniquement produites par le mélange des rayons solaires déviés & décomposés
autour de l'astre & à la circonférence du trou
qui les transmet au prisme ; puisqu'à l'aide d'un
simple diaphragme on les sépare à volonté
des rayons au centre du faisceau, qui n'ont
souffert aucune décomposition. Or la preuve la
plus triomphante que les rayons hétérogènes
ne sont pas différemment réfrangibles, c'est que
les rayons du milieu de ce faisceau sont toujours acolores après leur émergence de la dernière surface réfringente, comme ils le sont à
leur incidence sur la première. De quelque manière qu'on étudie la Nature, ces phénomènes
sont invariables : ils ne tiennent donc ni à l'appareil des instrumens employés à développer le
jeu de la lumière, ni à des causes accidentelles ;
mais à la déviation & à la décomposition des
rayons blancs qui passent à certaine distance des
corps : principe unique de toutes les couleurs
que présente le spectacle de l'Univers.

Les faits que je viens de mettre sous vos
yeux, Messieurs, sont si simples, si uniformes,
si constans, si décisifs, qu'il est impossible de
ne pas souscrire aux conséquences que j'en ai
tirées. A leur vue, les défenseurs les plus in-

Pl. VI. Pag. 146.

Fig. 2.

Fig. 1.

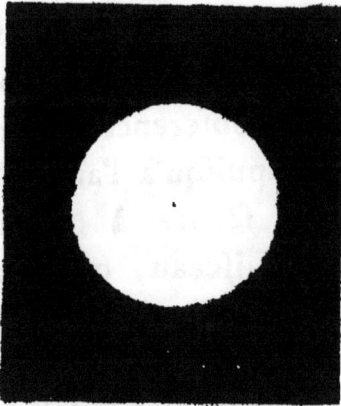

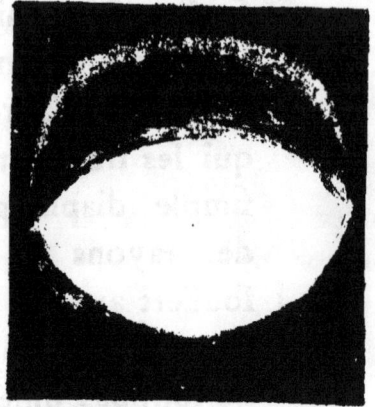

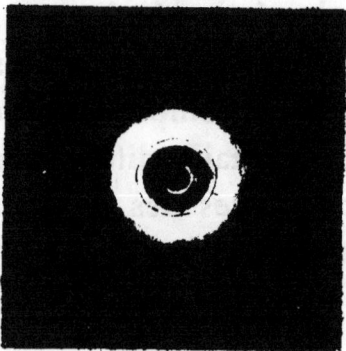

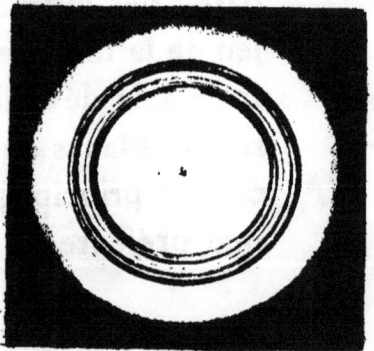

Fig. 4.

Fig. 3.

trépides du fystême de la différente réfrangibilité doivent reſter ſans réponſe, l'Auteur lui-
même eût été le premier à l'abandonner. Exa-
minez ſa IIIᵉ Expérience, cette Expérience fameuſe qui ſert de baſe à ſa doctrine, & vous
reconnoîtrez que les réſultats des miennes ſont
préciſément ceux qu'il déduiſit de l'égale réfraction des rayons immédiats du ſoleil aux ſurfaces
du priſme; réſultats qui, ſelon lui, auroient
lieu infailliblement, ſi les rayons hétérogènes
étoient tous également réfrangibles. Ainſi ce grand
homme a couronné d'avance la vérité de mes
preuves, & mis le ſceau de l'évidence à ma démonſtration. Après des faits auſſi tranchans, je
ne vous ferai pas l'injure de croire que vous
exigiez d'autres preuves du peu de ſolidité du
fystême que je combats : les fondemens une
fois ſappés, le moyen que l'édifice entier ne
tombe pas en ruine !

N'en doutez pas, Meſſieurs, c'eſt pour avoir
négligé de tenir compte de la déviation & de la
décompoſition des rayons autour des corps, que
Newton n'a pu parvenir à rendre raiſon des phénomènes qu'elles préſentent. Ce premier point
manqué, il ne fit que s'égarer de fystême en fystême : ſur celui de la différente réfrangibilité des

rayons hétérogènes, bâtiſſant ceux de la différente réflexibilité, & des accès de facile tranſmiſſion & de facile réflexion; on le vit ſoumettre à des lois bizarres le mouvement ſi régulier de la lumière, admettre dans chaque corps deux forces contraires (1), exercées ſur elle en même temps, flotter d'inconſéquences en inconſéquences, recourir au merveilleux, & perdre ſans retour les traces du vrai. Exemple mémorable des erreurs ſans nombre où s'enfoncent les plus profonds Scrutateurs de la Nature, lorſqu'ils négligent les moindres phénomènes, & qu'ils oublient d'analyſer les faits.

Peu-à-peu les erreurs de Newton ſont devenues celles de preſque tous les Phyſiciens du monde ; & quand elles n'auroient fait qu'enchaîner les eſprits, arrêter la marche du génie, retarder la connoiſſance des merveilles de la viſion : un ſiècle entier, irrévocablement perdu pour les progrès de la ſcience, ſeroit déjà matière aux plus vifs regrets.

Mais quelles pertes n'ont pas été la ſuite de ces brillantes illuſions ! La conſtruction des inſtrumens Dioptriques eſt uniquement fondée ſur les lois de l'Optique ; des progrès de la ſcience dépendent les progrès de l'art, & à voir le ca-

_____

(1) La force attractive & la force répulſive.

hos ténébreux où elle eſt encore plongée, que
ſeroit-il aujourd'hui, qu'une routine aveugle ?
Quels avantages toutefois n'a-t-on pas droit
d'attendre de ces inſtrumens ? & quels avantages n'en auroit-on pas tiré, s'ils avoient été
portés à leur perfection ? Sans parler des moyens
qu'ils fourniſſent de remédier aux défauts de la
vue, qui ne ſait qu'ils ſont deſtinés à ſuppléer
à ſa foibleſſe & à ſon peu d'étendue, en ſou-
mettant à l'œil des objets qui lui échapperoient
par leur éloignement ou leur petiteſſe ! D'ailleurs peu de ſciences, peu d'arts pourroient ſe
paſſer de leurs ſecours : c'eſt à eux que les Ana-
tomiſtes, les Naturaliſtes, les Aſtronomes, &c.
doivent leurs obſervations les plus délicates,
& c'eſt d'eux ſeuls qu'ils ſemblent attendre leurs
dernières découvertes.

Le ſommeil de la vérité a été fort long, ſans
doute ; mais il pouvoit être plus long encore.
Grace à votre zèle courageux, Meſſieurs, vous
avez profité des premiers rayons qu'elle a fait
luire à ſon réveil, pour remettre en queſtion la
doctrine de la différente réfrangibilité qui ſert
de baſe à la théorie de ces inſtrumens précieux.
Animé de votre zèle, je me ſuis livré à de profondes recherches ſur la lumière, j'ai porté dans
le ſyſtême de Newton le flambeau de l'analyſe,

j'en ai découvert les fondemens ruineux; & je m'applaudirai doublement de mes efforts, fi mon travail eft jugé digne de vos fuffrages.

Enfin, Meffieurs, la doctrine de la différente réfrangibilité, devenue le fondement de la Dioptrique & du fyftême des Couleurs, tient à tous les phénomènes de la vifion : ce point changé, l'Optique, dès-lors ramenée aux élémens, doit prendre une face nouvelle. Ainfi en propofant la difcuffion de ce point capital, vous avez provoqué une révolution frappante dans la plus fublime des fciences exactes. Le dirai-je? plufieurs Sociétés favantes fe font empreffées à l'envi de fuivre votre exemple : mais elle aura été confacrée dans votre fein, & j'en ferai l'heureux inftrument.

MÉMOIRE

Sur l'explication de l'Arc-en-Ciel donnée par Newton :

Envoyé au Concours ouvert par la Société Royale des Sciences de Montpellier, en Octobre 1786.

Ne femper in verba Magiftri.

K 4

MÉMOIRE.

PROGRAMME.

« *L'explication de l'Arc-en-ciel donnée par*
» *Newton, porte-t-elle fur des principes*
» *inconteftables ; & eft-il bien démontré*
» *que les rayons hétérogènes, fuppofés*
» *émergens du nombre infini de goutes de*
» *pluie qui tombent de la nue, doivent*
» *former des arcs féparés ?* »

DES différens phénomènes que produit la
décompofition de la lumière, il n'en eft point
d'auffi frappans, d'auffi beaux, d'auffi majef-
tueux, que ces grands arcs colorés qui paroiffent
contre la voûte du ciel, lorfque le foleil darde
fes rayons fur une nuée qui fond en eau. Vaftes
zones, dont l'améthifte, le faphir, l'émeraude,

la topaze, le rubis femblent former le brillant tiffu. Quelle pompe elles étalent !

Moins merveilleufes par leur étendue & leur éclat que par leur origine, elles furent de tous temps un objet d'admiration & de curiofité. Les premiers hommes les avoient divinifées fous le nom *d'Iris*, les Poëtes de toutes les Nations les célébrèrent dans leurs chants, & les Philofophes s'efforcèrent d'en découvrir la caufe.

L'arc-en-ciel eft fouvent double, quelquefois triple, rarement quatruple. Comme il paroît prefque toujours lorfqu'il pleut & que le foleil luit, les anciens avoient foupçonné qu'il réfulte des rayons folaires réfractés & réfléchis vers l'œil du fpectateur par des goutes de pluie. L'explication de fa forme & de fes couleurs fut néanmoins une énigme infoluble, pendant une longue fuite de fiècles.

Antoine de Dominis, Archevêque de Spalato, eft le premier (je penfe) qui ait travaillé à la ramener aux lois de l'Optique (1). Au moyen de quelques expériences faites au foleil avec un globe de verre plein d'eau, il prétendit prouver que d'un arc double l'intérieur eft produit

_____

(1) Voyez fon ouvrage *De radiis visûs & lucis.*

(155)

par deux réfractions & une réflexion intermédiaire; l'extérieur par deux réfractions & deux réflexions intermédiaires : ce qui au fond ne rend raifon de rien.

Defcartes adopta les idées de l'Archevêque de Spalato, & les modifia légèrement (1).

Enfin Newton, partant de fes Expériences prifmatiques, reprit l'explication de ce magnifique phénomène, & entreprit d'en éclaircir géométriquement toutes les circonftances. Il avoit démontré que les couleurs appartiennent uniquement aux rayons hétérogènes dont la lumière eft compofée (2); & il croyoit avoir démontré que la lumière fe réfractant aux furfaces d'un prifme, s'y décompofe toujours en vertu de la différente réfrangibilité de ces rayons (3). Nouveaux principes, bien propres à rendre raifon des couleurs de l'arc-en-ciel. Réunis aux lois de la Dioptrique & de la Catoptrique, ils ne parurent pas moins propres à rendre raifon de fa forme, de fes dimenfions, & de fes autres apparences optiques. Newton les foumit donc au calcul, & en forma une démonftration qui a tou-

(1) Voyez fon Traité de Metheoris.
(2) Voyez la Nouvelle Traduction de fon Optique, vol. 1, Propofition II de la II Partie du Livre I.
(3) Ibidem. Prop. I & II de la I Partie du Livre I.

jours paſſé pour un chef-d'œuvre de génie : mais
ce n'eſt qu'en fefant parler l'Auteur lui-même
qu'on peut donner une idée complette de ſa
doctrine.

Fig. 1. « Pour démontrer la formation de l'arc-en-
» ciel ; ſoit B N F G une goute de pluie ou
» tout autre corps ſphérique tranſparent, dé-
» crit par le centre C & l'intervalle C N. Et
» ſoit A N un des rayons ſolaires incidens
» ſur cette ſphère en N, où il eſt réfracté ;
» puis prolongé en F, où il eſt réfracté de nou-
» veau, & d'où il ſort ſuivant F V, ou ſe
» réfléchit vers G pour ſe réfracter au ſortir
» ſuivant G R ; ou bien ſe réfléchir encore vers
» H, pour ſe réfracter & ſortir ſuivant H S,
» coupant le rayon incident A N en Y. Cela
» poſé, prolongez les rayons A N & R G juſ-
» qu'à ce qu'ils ſe rencontrent en X ; abaiſſez en-
» ſuite ſur A X & N F les perpendiculaires
» C D, C E, dont vous prolongerez la pre-
» mière juſqu'à ce qu'elle rencontre la circon-
» férence en L. Enfin menez le diamètre B Q
» parallèlement au rayon incident A N, & faites
» que le ſinus d'incidence (au paſſage des
» rayons de l'air dans l'eau) ſoit au ſinus de
» réfraction comme J à R. Alors ſi vous con-

» cevez le point d'incidence N se mouvant sans
» interruption de B en L; l'arc Q F augmentera
» d'abord & diminuera ensuite, de même que
» l'angle A X R formé par les rayons A N &
» G R. Ainsi l'arc Q F & l'angle A X R seront les
» plus grands, lorsque N D sera à N C, comme
» $\sqrt{11-RR}$ à 3 RR : dans ce cas N E sera à
» N D, comme 2 R à J.

   » De même l'angle A Y S, formé par les
» rayons A N & H S, diminuera d'abord, aug-
» mentera ensuite, & deviendra enfin le plus petit,
» lorsque N D sera à C N, comme $\sqrt{11-RR}$
» à $\sqrt{8RR}$: dans ce cas, N E sera à N D,
» comme 3 R est à J.

   » De même aussi l'angle formé par le rayon
» émergent après trois réflexions, & par le
» rayon incident A N, parviendra à sa limite;
» lorsque N D sera à C N, comme $\sqrt{11-RR}$
» à $\sqrt{15RR}$: dans ce cas N E sera à N D,
» comme 4 R est à J.

   » De même encore l'angle formé par le
» rayon émergent après quatre réflexions, &
» par le rayon incident A N, parviendra à
» sa limite; lorsque N D sera à N C, comme
» $\sqrt{11-RR}$ est à $\sqrt{24RR}$: dans ce cas N E
» sera à N D, comme 5 R est à J. Ainsi de suite
» à l'infini; les nombres 3, 8, 15, 24, &c. se

» formant par l'addition continuelle des termes
» de la progreſſion arithmétique 3, 5, 7, 9, &c.
» Ce que les Mathématiciens concevront ſans
» peine.

» Obſervons ici que ces angles arrivant à
» leurs limites par l'augmentation de la diſtance
» CD, leur quantité ne varie que fort peu du-
» rant quelque temps : ainſi, les rayons qui
» tombent ſur tous les points N du quart de
» cercle B L, ſortiront en plus grand nombre
» dans les limites dè ces angles que ſous toute
» autre inclinaiſon.

» Obſervons encore que les rayons différem-
» ment réfrangibles, ayant des angles différem-
» ment limités, ſortiront (ſuivant leur degré de
» réfrangibilité) en plus grand nombre de diffé-
» rens angles : alors ſéparés les uns des autres,
» ils paroîtront chacun ſous leur propre cou-
» leur.

» Si on vouloit déterminer ces angles, on y
» parviendroit aiſément d'après le Théorème
» qui précède. Car les ſinus J & R, pour les
» rayons les moins réfrangibles, ſont 108 &
» 81 : d'où il réſulte par le calcul que le plus
» grand angle A X R eſt de 42° 2′; & le plus
» petit angle A Y S de 50° 57′. Mais pour les
» rayons les plus réfrangibles, les ſinus J & R ſont
» 109 & 81 : d'où il réſulte que le plus grand

» angle A X R eſt de 40° 17′ ; & le plus petit
» angle A Y S, de 54° 7′.

» L'œil du ſpectateur étant placé en O, &
» O P étant mené parallèlement aux rayons ſo-
» laires ; ſoient donc P O E, P O F, P O G,
» P O H, des angles de 40° 17′, de 42° 2′, de
» 50° 57′, & de 54° 7′, reſpectivement : il eſt
» clair que ces angles étant ſuppoſés tourner au-
» tour de leur côté commun O P, leurs autres
» côtés O E, O F, O G, O H décriront les
» bords de deux arcs-en-ciel A F B E & C H D G.
» Car ſi E, F, G, H, ſont des goutes de pluie
» placées en quelque endroit que ce ſoit des ſur-
» faces coniques décrites par O E, O F, O G,
» O H ; & ſi elles ſont éclairées par les rayons
» ſolaires S E, S F, S G, S H ; l'angle S E O
» (étant égal à l'angle P O E qui eſt de 40° 17′)
» ſera le plus grand ſous lequel les rayons les
» plus réfrangibles puiſſent émerger après une
» réflexion ; par conſéquent toutes les goutes
» qui ſe trouvent ſur la ligne O E, enverront
» à l'œil ces rayons en plus grand nombre poſſi-
» ble : par ce moyen le violet le plus foncé ſera
» vu en cet endroit.

» De même l'angle S F O (étant égal à l'angle
» P O F qui eſt de 42° 2′) ſera le plus grand
» ſous lequel les rayons les moins réfrangibles
» puiſſent émerger des goutes après une ré-

Fig. 2.

» flexion ; par conféquent toutes les goutes qui
» fe trouvent fur la ligne O F enverront à l'œil
» le plus grand nombre poſſible de ces rayons :
» par ce moyen le rouge le plus foncé paroî-
» tra en cet endroit.

» Par la même raiſon les goutes fituées entre
» E & F enverront à l'œil le plus grand nombre
» poſſible des rayons de réfrangibilité moyenne,
» où ils feront appercevoir les couleurs inter-
» médiaires. Ainſi, de E en F les couleurs de
» l'Iris paroîtront dans cet ordre : violet, indi-
» go, bleu, vert, jaune, orangé & rouge. Mais
» le violet, étant mêlé avec la lumière blanche
» des nuées, paroîtra foible & tirant fur le
» pourpre.

» D'une autre part, l'angle S G O (étant égal
» à l'angle P O G, qui eſt de 50° 57′) fera
» le plus petit angle fous lequel les rayons les
» moins réfrangibles puiſſent émerger des goutes
» après deux réflexions : par conféquent ces
» rayons viendront à l'œil en plus grand nombre
» poſſible des goutes qui fe trouvent fur la ligne
» O G, où ils feront paroître le rouge foncé.
» Pareillement l'angle S H O (étant égal à l'angle
» P O H, qui eſt de 54° 7′) fera le plus petit
» angle fous lequel les rayons les plus réfran-
» gibles puiſſent émerger après deux réflexions :
» par conféquent ces rayons viendront à l'œil

» en

» en plus grand nombre poſſible des goutes
» qui ſe trouvent ſur la ligne O H, & y feront
» paroître le violet foncé. De même les goutes
» qui ſont entre G & H tranſmettront les rayons
» des couleurs intermédiaires ſuivant leurs de-
» grés de réfrangibilité. Ainſi, de G en H,
» les couleurs de l'Iris paroîtront dans cet ordre :
» rouge, orangé, jaune, vert, bleu, indigo
» & violet. Comme les lignes O E, O F, OG,
» O H, peuvent être ſituées en quelque en-
» droit que ce ſoit des ſurfaces coniques dont
» il eſt queſtion ; ce qui vient d'être dit des
» goutes & des couleurs qui ſe voient ſur ces
» lignes, doit être appliqué aux goutes & aux
» couleurs qui ſont en tout autre endroit de
» ces ſurfaces.

» C'eſt ainſi que ſe formeront deux arcs co-
» lorés : l'un interne, compoſé des plus vives
» couleurs par une ſeule réflexion ; l'autre ex-
» terne, compoſé de couleurs plus foibles par
» deux réflexions, car la lumière réfléchie plu-
» ſieurs fois va toujours en s'affoibliſſant.

» Les couleurs reſp :ctives de ces arcs ſeront
» dans un ordre inverſe ; le rouge paroiſſant
» toujours à leurs bords les plus proches, &
» le violet à leurs bords les plus éloignés.

» La largeur apparente de l'arc interne E O F,
» meſuré en travers, ſera de 1° 45', & celle de

L

» l'arc externe G O H, de 3° 10'. Quant à leur
» diſtance G O F, elle ſera de 8° 55' : le plus
» grand demi-diamètre de l'arc interne (c'eſt-
» à-dire l'angle P O F) de 42° 2' ; & le plus pe-
» tit demi-diamètre de l'arc externe P O G
» de 50° 57'.

» Telles ſeroient les vraies meſures, ſi le ſo-
» leil n'étoit qu'un point : mais à raiſon du dia-
» mètre apparent de cet aſtre, la largeur des
» arcs doit augmenter d'un demi-degré, & leur
» diſtance réciproque diminuer d'autant. Ainſi,
» la largeur de l'Iris interne ſera de 2° 15' ;
» celle de l'Iris externe, de 3° 40' ; leur diſ-
» tance réciproque, de 8° 25' ; le plus grand
» demi-diamètre du premier de 42° 17', & le plus
» petit demi-diamètre du dernier, de 50° 42'. Ce
» qui paroît à-peu-près d'accord avec l'ex-
» périence, quand les couleurs ſont bien mar-
» quées.

» Cette explication de l'arc-en-ciel eſt con-
» firmée par une expérience de Marc-Antoine
» de Dominis & de Deſcartes : expérience qui
» conſiſte à ſuſpendre, au moyen d'une poulie,
» un globe de verre plein d'eau, à l'expoſer
» au ſoleil au fond d'une chambre, & à placer
» l'œil de façon que les rayons émergens for-
» ment avec les rayons incidens un angle de
» 42° ou de 50°. Or, ſi l'angle eſt de 42° à

» 43°, le spectateur placé en O, verra du
» rouge fort vif sur le côté du globe opposé
» au soleil, comme cela est représenté en F:
» & si on diminue cet angle en fesant des-
» cendre le globe jusqu'en E, d'autres cou-
» leurs paroîtront successivement; savoir, le
» jaune, le vert, le bleu, &c. Mais quand on
» fait cet angle d'environ 50°, en haussant le
» globe jusqu'à G, il paroît du rouge sur le
» côté opposé au soleil: & quand on fait l'angle
» encore plus grand, en haussant le globe jus-
» qu'en H; le rouge passe successivement au
» jaune, au vert, au bleu, &c. Les phénomènes
» sont les mêmes, quoique le globe soit immo-
» bile; pourvu qu'on baisse ou qu'on hausse
» l'œil, pour avoir des angles de grandeur con-
» venable ».

Fig. 2.

Telle est l'explication que Newton donne de
l'arc-en-ciel, explication où l'on retrouve toujours le grand Géomètre, quoique la science
& la dialectique du Physicien y soient souvent
en défaut.

Mais quoi, entreprendre de renverser une
doctrine avec laquelle les phénomènes sem-
blent s'accorder si bien, & dont on ne cesse
d'exalter le sublime, paroîtra sans doute témé-
raire, peut-être même insensé! Je ne puis me

diffimuler, Meffieurs, combien eft délicate la
tâche que j'entreprends, & quel défavantage
auroit un Novateur, s'il ne comptoit parmi fes
Juges que d'aveugles partifans du fyftême qu'il
combat. Mais après l'exemple que vous venez
de donner au monde favant, pourrois-je craindre
encore ? Plein de confiance en vos lumières,
je ne balancerai donc plus à faire paffer fous
vos yeux les preuves frappantes qui doivent
affurer le triomphe des vérités nouvelles que
j'ai à établir; & afin de les mettre dans un
plus beau jour, qu'il me foit permis d'inter-
vertir l'ordre des queftions que vous avez pro-
pofées.

PREMIÈRE PARTIE.

« *Eſt - il bien démontré que les rayons hété-*
» *rogènes, ſuppoſés émergens du nombre*
» *infini de goutes de pluie qui tombent*
» *de la nue, doivent former des Arcs*
» *ſéparés ?* »

Newton prétend expliquer rigoureuſement toutes les circonſtances du phénomène : en le ſuivant pas à pas, il me ſeroit facile, Meſſieurs, de prouver qu'il n'en explique aucune; je me bornerai toutefois, ſuivant votre vœu, à celles qui ont trait à la figure & au nombre des Iris ; & je me ſervirai, pour combattre ſa doctrine, des argumens mêmes dont il ſe ſert pour l'étayer.

Il avance que l'arc-en-ciel ne paroît jamais qu'où il pleut & quand le ſoleil luit. Sans doute l'arc - en - ciel paroît preſque toujours ſur la nappe d'eau que forment les goutes de pluie frappées du ſoleil en tombant de la nue ; puiſque *d'un lieu élevé on voit ſes jambages poſer ſur Terre ;*

L 3

& qu'à travers leur voile léger on apperçoit les
objets placés au-delà : obſervation que j'ai ſouvent faite à Paris du haut de l'une des tours de
S. Sulpice (1). Il eſt conſtant néanmoins que
d'aſſez grandes portions de l'arc-en-ciel paroiſſent quelquefois contre des nuages légers, iſolés
& coupant ſur un ciel pur à l'horiſon (2).

S'il paroît preſque toujours ſur la nappe
d'eau que forme la pluie, c'eſt uniquement parce

(1) Le 23 Septembre 1785, à 5 h. 35 m. du ſoir, le Soleil paroiſſant élevé de quelques degrés ſur l'horiſon,
je vis le jambage droit d'un bel arc-en-ciel poſer ſur la
plaine d'Yvry, éloignée environ de 2000 toiſes à vol
d'oiſeau ; & à travers ce jambage j'apperçus diſtinctement les arbres placés au-delà.

(2) Cinq minutes après parut, à 25 ou 26 degrés au-
deſſus de l'horiſon, un petit ſegment de cet arc ſur un
nuage blanc, d'où il ne tomboit très-certainement point
de pluie ; car le ciel étoit azuré au-deſſous : ce nuage
agité par le vent altéroit à chaque inſtant la forme de
l'Iris.

Le 21 Juillet 1785, à 4 h. 5 m. du ſoir, promenant ſur
la terraſſe du Luxembourg, je vis paroître une partie du
jambage gauche d'un brillant arc-en-ciel, ſur un nuage
gris, iſolé, & d'où il ne tomboit point de pluie, le
ciel étant azuré au-deſſous.

Le 22 Juillet 1786, à 5 heures du ſoir, je vis paroître
un très-grand ſegment d'un bel arc-en-ciel ſur des
nuages d'où il ne tomboit point de pluie, le ciel étant
azuré au-deſſous.

qu'elle offre une espèce de plan, convenablement incliné pour réfléchir les rayons qui concourent à le former : conséquence qui me conduiroit naturellement aux vraies causes du phénomène ; mais je me renferme dans les bornes fixées par le Programme.

L'arc-en-ciel est ordinairement double, quelquefois triple, quelquefois quadruple. Newton admet comme un fait constant, sur l'autorité de certaines expériences, que le premier (1) arc est produit par deux réfractions & une réflexion intermédiaire des rayons que transmettent les goutes de pluie ; le second arc, par deux réfractions & deux réflexions intermédiaires, &c. Quelle multiplicité de causes pour produire un seul effet ! & comment se persuader que la Nature, si économe dans ses moyens, en emploie de si compliqués ? Voyons toutefois, examinons le jeu de la lumière dans les goutes de pluie, analysons les expériences à l'aide desquelles l'Auteur essaya d'imiter les apparences optiques de l'arc-en-ciel, ou plutôt sur lesquelles il appuya sa démonstration, & approfondissons une matière que cet habile Géomètre ne fit qu'effleurer.

_____

(1) A compter du centre à la circonférence.

Puifque tout corps diaphane fphérique peut repréfenter une goute de pluie; qu'un globe de verre pur (1), mince, rempli d'eau, & expofé aux rayons immédiats du foleil, foit fufpendu au fond d'une chambre, de manière qu'on puiffe le hauffer ou le baiffer à volonté: qu'enfuite le fpeftateur placé entre la croifée & le globe, à diftance & hauteur convenables pour que les rayons (2), qui vont de l'aftre au globe & qui reviennent du globe à l'œil, faffent des angles, tantôt au-deffus de 40°, tantôt au-deffus de 50°. Tout étant difpofé de la forte (nous dit-on)

Fig. 2. fi l'angle S F O, formé par ces rayons eft de 42° 2', l'œil placé en O appercevra du rouge fort vif. Alors qu'on abaiffe peu-à-peu le globe jufqu'à ce que l'angle S E O ait 40° 17', l'œil appercevra fucceffivement toutes les couleurs prifmatiques depuis le rouge jufqu'au violet.

Au contraire, en élevant le globe jufqu'à ce que l'angle S G O foit de 50° 57', on verra du rouge fort vif. Enfin, fi on continue d'élever peu-à-peu le globe jufqu'à ce que l'angle S H O foit de 54° 7', on verra fucceffivement toutes les couleurs prifmatiques.

---

(1) Sans filandres fur-tout.

(2) Il eft indifférent que les rayons folaires tombent fur la partie fupérieure ou latérale de l'hémifphère anté-

De ces réfultats fuppofés vrais (1), on con- Fig. 3.
clut que les rayons folaires A N , tombant avec
obliquité fur le globe B N F G, fe réfractent
en N, tendent vers F, font réfléchis vers G,
où ils fe réfractent en paffant de l'eau dans l'air.
Or, on enfeigne que ces rayons, étant plus
ou moins réfrangibles, doivent conftamment
fe décompofer aux furfaces du globe. Ainfi
les rouges fuppofés les moins réfrangibles de
tous fe rendront en *t* ; les jaunes plus réfrangibles, en *p* ; les bleus plus réfrangibles encore,
en *r*.

De même les rayons S H, tombant avec Fig. 3.
obliquité fur le globe plus élevé que dans le
cas précédent, fe réfractent en H , tendent
vers G , en font réfléchis vers F, puis vers N,
où ils fe réfractent en paffant de l'eau dans l'air.
Et comme ils fe décompofent pareillement aux
furfaces du globe en vertu de leur différente
réfrangibilité ; les rouges fuppofés les moins
réfrangibles fe rendent en *a* ; les jaunes plus
réfrangibles, en *n* ; les bleus plus réfrangibles
encore, en *k*, &c.

---

rieur, pourvu que les incidens & les émergens forment
les angles demandés.

(1) Ils font fort éloignés d'être tels qu'on les énonce,
comme on le verra ci-après.

Ce qui eſt ſuppoſé arriver aux rayons incidens ſur le globe de verre, eſt ſuppoſé arriver
aux rayons incidens ſur chaque goute de pluie :
telle eſt, à ce qu'on prétend, l'origine des couleurs des Iris.

Aſſurément, les rayons ſolaires qui pénètrent une goute de pluie, peuvent ſe réfracter
à ſes ſurfaces & ſe réfléchir à ſa circonférence
intérieure pluſieurs fois conſécutives ; mais à
chaque nouvelle réfraction & à chaque réflexion
nouvelle, le nombre des rayons tranſmis va toujours en diminuant, juſqu'à ce qu'ils ſoient tous
éparpillés ou éteints. Si ceux qu'on ſuppoſe
former les Iris parvenoient à l'œil après s'être
réfractés & réfléchis autant de fois ; la ſeconde
Iris ſeroit néceſſairement beaucoup plus foible
que la première, ce qui n'arrive pas toujours :
tandis que la troiſième & la quatrième ſeroient
trop foibles pour être apperçues, ce qui n'arrive pas toujours non plus.

Les rayons qui pénètrent une goute de pluie
ne ſauroient changer de direction en ſe réfractant
& en ſe réfléchiſſant, ſans ſuivre les lois de la
Dioptrique & de la Catoptrique : auſſi l'Auteur

a-t-il foin d'y affujetir ceux dont il forme les
Iris ; & cette partie de fon travail paroît affurément de main de maître : mais quelque favant
que foit fon calcul, les données en font-elles
bien juftes ?

Les rayons hétérogènes, féparés par la réfraction aux furfaces des goutes de pluie divergent
néceffairement à leur émergence, & s'épar-
pillent bientôt de tous côtés : comment donc
propageroient-ils au loin les couleurs de l'arc-
en-ciel ?

Sentant qu'ils ne peuvent émerger en affez
grand nombre pour affeâer l'organe de la vue,
à moins qu'ils n'aient une direâion à-peu-près
parallèle, Newton s'efforce de la leur donner,
& voici comment il s'y prend. Ayant tracé la
route d'un rayon folaire réfraâé & réfléchi plufieurs fois dans une goute de pluie, avant de
parvenir à l'œil, il obferve que fi le point d'incidence, d'abord fuppofé en N, fe meut fans   Fig. 1.
interruption de B en L; ou ce qui revient au
même, fi l'angle d'incidence croît depuis zéro
jufqu'à 90°, les angles A X R & A Y S, formés par le rayon incident & le rayon émergent
prolongés, augmenteront d'abord & diminueront
enfuite dans un rapport déterminé ; d'où il conclut que ces angles parvenus à leurs limites varient affez peu durant quelque temps, lorfque

la diftance C D vient à augmenter. Ainfi, des rayons qui tombent fur tous les points de B en L, il en fortira un beaucoup plus grand nombre dans les limites de ces angles que dans toute autre inclinaifon. Ce font ces rayons fuppofés parallèles, qu'on regarde comme feuls capables de produire des Iris, & qu'on nomme par cette raifon *rayons efficaces ou générateurs*.

Or, pour être parallèles à leur émergence, il faudroit qu'ils le fuffent à leur incidence ; ce que Newton & fes commentateurs (1) fuppofent conftamment : mais, loin d'être parallèles, les rayons folaires décrivent tous les angles poffibles depuis zéro jufqu'à 32'. D'ailleurs n'eft-il pas de toute impoffibilité qu'ils deviennent jamais parallèles en fe réfractant & en fe réfléchiffant dans des goutes de pluie, vu l'exceffive courbure des furfaces réfringentes & réfléchiffantes ? L'hypothèfe fondamentale, fur laquelle l'Auteur s'étaie, n'eft donc pas fimplement gratuite, mais fauffe. Ne craignons pas de le dire : dans cette hypothèfe, les rayons folaires ne pourroient jamais émerger des goutes de pluie en affez grand nombre

---

(1) Voyez les directions des rayons S H, S G, S F, S E de la XIV° figure de la II Partie du Livre I de l'Optique de Newton : voyez auffi l'Optique de Smith, Traduction Françoife de M. le Roi, page 581.

Pl. VII. Pag. 1.

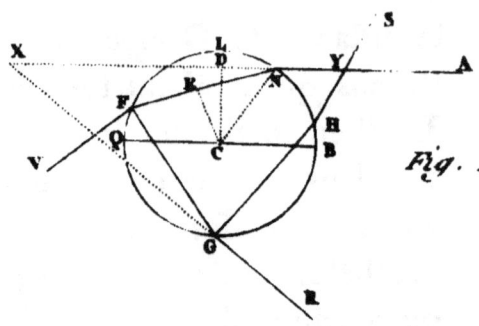

Fig. 1.

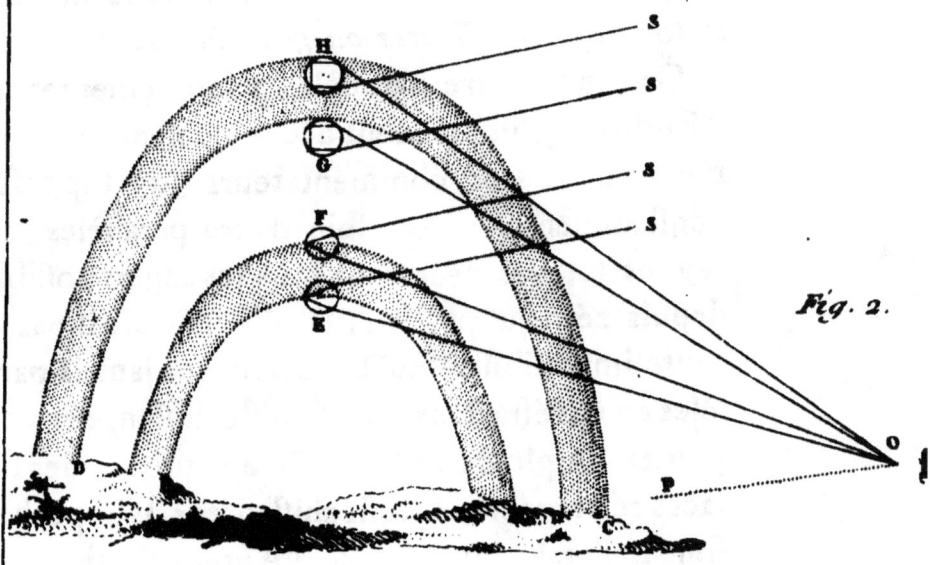

Fig. 2.

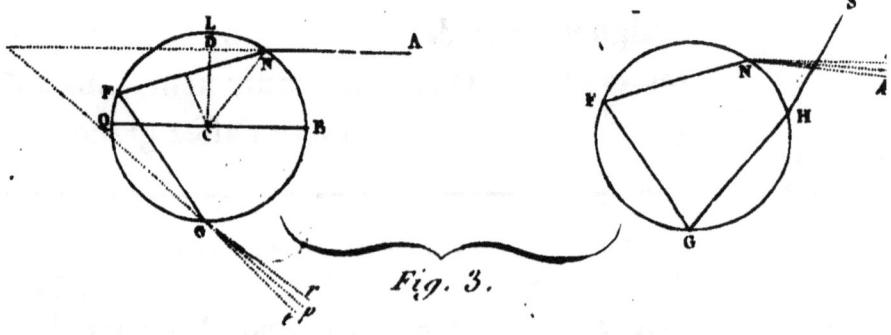

Fig. 3.

Tavenard s.

pour n'être pas diſperſés avant de parvenir à l'œil, fût-il même placé à une diſtance cent fois moindre que celle d'où il appercevroit le mieux l'arc-en-ciel ; leur impreſſion ſur l'organe de la vue ſeroit donc abſolument nulle.

Les poſitions reſpectives du ſoleil, des goutes de pluie & du ſpectateur étant données, il eſt clair qu'on peut, comme le fait Newton, ame-ner à l'œil les rayons qu'il ſuppoſe former chaque Iris ; mais les directions qu'il leur donne ſont-elles bien celles qu'ils prennent en effet ?

A conſidérer le nombre des réflexions qu'il leur fait ſouffrir à la circonférence intérieure d'un globe de verre plein d'eau, on ſent bien que cela étoit indiſpenſable pour leur donner les di-rections qui lui convenoient le mieux : on s'étonne toutefois qu'il les ſuppoſe réfléchis, dans des cas où ils n'y ſont pas déterminés par l'obliquité de leur incidence (1). Pour faire paſ-ſer cette ſuppoſition, il inſinue que les rayons

---

(1) Il ne faut pas perdre de vue que dans le ſyſtême de l'Auteur, la réflexion eſt produite par une force répandue à la ſurface des corps, force qu'il dit changer toujours la réfraction en réflexion, lorſque les rayons incidens ont certaine obliquité.

folaires réfractés par chaque goute de pluie, font difpofés dans certaines circonftances à fe réfléchir & à émerger alternativement : ce qu'il nomme *leurs accès de facile réflexion & de facile tranfmiffion;* —— effets obfcurs de caufes occultes, qu'aucun fait n'établit, que la raifon réprouve, & que l'expérience dément (1). Admettons néanmoins pour un moment les idées de l'Auteur fur ces accès, prêtons à fon fyftême toute la folidité dont il manque, & déduifons de fes principes les conféquences qui s'offrent le plus naturellement à l'efprit; nous verrons bientôt tourner contre fa doctrine de l'arc-en-ciel la démonftration même fur laquelle il fe fonde.

En fuppofant l'arc interne produit par des rayons qui dans chaque goute ont fouffert deux réfractions & une réflexion intermédiaire, l'arc externe par des rayons qui ont fouffert deux réfractions & deux réflexions intermédiaires ; il eft manifefte que ces rayons doivent continuer à parvenir à l'œil, tant que les pofitions refpectives du foleil, de la nuée qui fe réfout, & du fpectateur ne font pas changées ; ou plutôt tant qu'elles correfpondent aux rapports des finus

---

(1) Ce n'eft pas encore ici le lieu de la combattre directement.

d'incidence & de réfraction des rayons solaires. L'arc-en-ciel devroit donc être visible quand il pleut, quelle que fût l'élévation du soleil sur (1) l'horison, lors même qu'il n'y est point encore arrivé, lors même qu'il en a disparu, lors même qu'il est au zénith (2). On devroit donc appercevoir le sommet de l'Iris supérieure, quelquefois au zénith, quelquefois à l'horison, & quelquefois au-dessous: ce qui pourtant n'arrive jamais.

Fig. 4, 5, 6, 7, 8, 9, 10 & 11.

Comme sa portion visible devient toujours

---

(1) Le 16 Août 1786, j'examinai l'état du ciel, de dessus la terrasse de l'Observatoire. Il pleuvoit très-fort, & le Soleil élevé de 31 degrés sur l'horison étoit voilé par des nuages. Quelques minutes après il vint à briller à travers une échappée ; cependant il ne parut point d'Iris. Observation que j'avois faite plusieurs autres fois dans des circonstances à-peu-près semblables. Je supplie le Lecteur de peser la force de cette preuve négative : car il n'y a point de raison dans la théorie Newtonienne pour que l'arc-en-ciel ne paroisse pas , quelle que soit l'élévation du Soleil, tant que ses rayons tombent sur les goutes de pluie avec des inclinaisons propres à donner des angles de 40° 17′, de 42° 2′, de 50° 57′ & de 54° 7′. Ainsi , le Soleil étant élevé de 31° degrés , le sommet de l'arc interne devoit l'être de 9° à 10° , & le sommet de l'arc externe de 22° à 23°.

(2) Ces figures sont celles que l'Auteur emploie à sa démonstration. On s'est borné à en varier les positions pour représenter le Soleil à différentes distances de l'horison.

plus confidérable (1) à mefure que le foleil approche de l'horifon : d'après les principes de l'Auteur, du fommet d'un lieu élevé, l'arc-en-ciel devroit paroître former beaucoup plus d'un demi-cercle ; & d'un lieu très-élevé, il devroit paroître former un cercle entier, pour peu que la nue qui fond en eau fût diftante du fpectateur. Ce qui pourtant n'arrive jamais, lors même qu'on fe trouve à une hauteur prodigieufe. Obfervation que j'ai faite il y a onze ans, de deffus le fommet d'une montagne de la Principauté de Galles, & que j'aurois fort defiré pouvoir refaire en m'élevant dans un ballon au plus haut des airs (2).

Quelle que foit la direction des rayons folaires; lorfqu'ils tombent fous un angle moindre que 70 degrés, ils traverfent la plupart les goutes de pluie fans fouffrir aucune réflexion (3), l'arc-

---

(1) Voyez la-deffus les notes 956, 957 & 958 du Livre II de l'Optique de Smith, Traduction de M. le Roi.

(2) Si jamais quelque Aéronaute étoit à portée de la faire, il eft fupplié de ne pas en laiffer échapper l'occafion. Affurément un ballon pourroit devenir un inftrument admirable dans la main d'un vrai Phyficien ; & c'eft en partie faute de vues fages qu'on n'en a encore tiré aucun parti.

Exp. I.   (3) *C'eft ce qu'il eft facile de conftater dans une chambre*

en-ciel

en-ciel devroit donc toujours paroître entre le
foleil & le fpeſtateur, lorfque ces goutes font interpofées ; alors auſſi il devroit briller des plus
vives couleurs : ce qui pourtant n'arrive jamais.

Il y a mieux. Formé comme on le prétend ;
il devroit toujours paroître entre le foleil & le
fpeſtateur, lorfque ces goutes font interpofées : on devroit donc l'appercevoir quelquefois
au couchant, & quelquefois au zénith : ce qui
pourtant n'arrive jamais.

Enfin l'arc–en–ciel, étant toujours vu dans
la direſtion indéterminée des lignes O H, O G,
O F, O E, ne devroit pas moins paroître de
près que de loin, lorfqu'il pleut abondamment ;
on devroit donc l'appercevoir à la diſtance de
quelques toifes comme à la diſtance de quelques
milles : ce qui pourtant n'arrive jamais (1).

Pourquoi donc paroît-il toujours de loin,
toujours à certaine hauteur, toujours fous la
forme d'un arc de cercle plus ou moins conſidérable, toujours lorfque le foleil eſt à certaine
hauteur, & toujours lorfque le fpeſtateur a le
dos tourné à l'aſtre ? —— C'eſt qu'il ne vient

*Fig. 12,
13, 14 &
15.*

Fig. 2.

---

obfcure, en fefant tomber fous différentes obliquités un
faifceau de rayons fur un globe de verre.

(1) Je ne parle point ici des Iris que fait voir un jet
d'eau.

M

pas des caufes auxquelles Newton l'attribue. Ainfi on peut déjà regarder l'explication qu'il en donne, comme une vaine doctrine, fondée fur de fauffes hypothèfes.

Mais continuons à la développer, & nous reconnoîtrons que ceux qui l'ont exaltée fi fort, l'avoient affez peu raifonnée; l'Auteur lui-même n'a pas apperçu toutes les conféquences qui découlent de fes principes.

Newton triomphe lorfqu'il s'agit de calculs : à l'aide de quelques formules, tout paroît s'applanir fous fa plume, & il faut voir comment il déduit des rapports de réfrangibilité les apparences optiques de l'arc-en-ciel.

Après avoir fait obferver que les rayons hétérogènes, réfractés & réfléchis dans les goutes de pluie, ont chacun des angles différemment limités, fous lefquels ils doivent émerger, non-feulement afin d'être féparés les uns des autres, & paroître chacun fous fa propre couleur, mais afin d'être affez nombreux pour affecter l'organe de la vue; il indique une méthode de déterminer ces angles pour l'Iris externe & pour l'Iris interne (1). Cette méthode confifte à calculer les angles d'incidence & d'émergence des

_____

(1) C'eft l'angle A X R qui eft affecté à l'Iris interne, & l'angle A Y S à l'Iris externe.

Pl. VIII. Pag. 178.

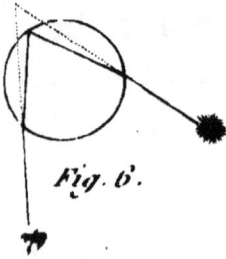

Fig. 6.

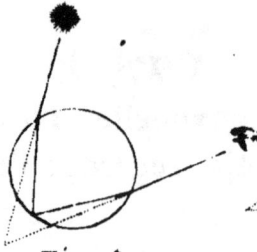

Fig. 5.

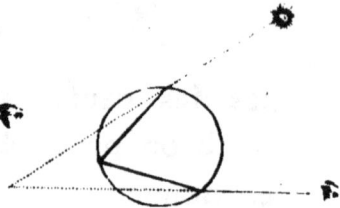

Fig. 4.

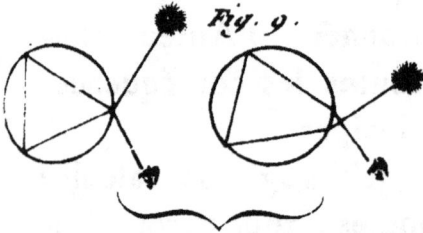

Fig. 9.

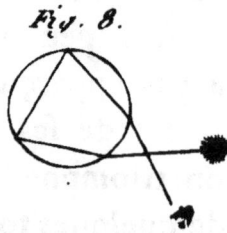

Fig. 8.

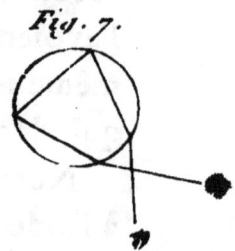

Fig. 7.

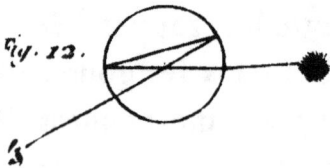

Fig. 12.

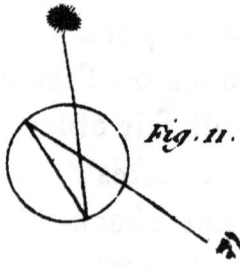

Fig. 11.

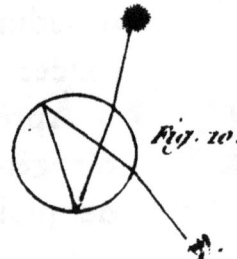

Fig. 10.

Fig. 15.

Fig. 14.

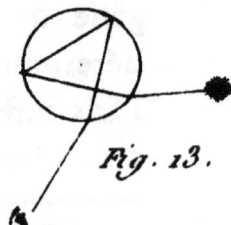

Fig. 13.

Tavenard sculp.

rayons, en donnant aux moins réfrangibles des
finus qui foient entr'eux comme 108 & 81, & aux
plus réfrangibles des finus qui foient entr'eux
comme 107 & 81. D'où il infère que, le plus grand
angle A X R des premiers fera de 42° 2′, & leur
plus petit angle A Y S de 50° 57′ : tandis que le
plus grand angle A X R des derniers fera de 40°
17′, & leur plus petit angle A Y S de 54° 7′.

Ces angles une fois déterminés dans un feul
point de l'arc, notre illuftre Géomètre ne
paroît plus embarraffé de rien, & à l'aide de
quelques hypothèfes il entreprend de rendre raifon de la forme des Iris, de leurs couleurs, de
leur éclat, de leur étendue, de leur intervalle.
Faifons-le parler.

« L'œil du fpectateur étant placé en O, &
» O P étant menée parallèlement aux rayons
» folaires ; foient P O E, P O F, P O G,
» P O H, des angles de 40° 17′, de 42° 2′,
» de 50° 57′, de 54° 7′, refpectivement.
» Cela pofé, il eft clair que ces angles venant
» à tourner autour de leur côté commun O P ;
» leurs autres côtés O E, O F, O G, O H dé-
» criront les bords de deux arcs-en-ciel A F B C
» & C H D G. Car fi E F G H, font des goutes
» de pluie placées en quelqu'endroit que ce foit
» des furfaces coniques décrites par O E, O F,
» O G, O H ; & fi elles font éclairées par les

» rayons solaires S E, S F, S G, S H ; l'angle
» S E O , étant égal à l'angle P O E (qui est de
» 40° 17′) sera le plus grand sous lequel les
» rayons les plus réfrangibles puissent émerger
» après une réflexion ; par conséquent toutes
» les goutes qui se trouvent sur la ligne O E en-
» verront à l'œil ces rayons en plus grand
» nombre possible ; par ce moyen le violet le
» plus foncé sera vu en cet endroit.

» De même l'angle S F O , étant égal à l'angle
» P O F (qui est de 42° 2′) sera le plus
» grand sous lequel les rayons les moins ré-
» frangibles puissent émerger après une réflexion:
» par conséquent toutes les goutes qui se trouvent
» sur la ligne O F enverront à l'œil le plus grand
» nombre possible de ces rayons ; par ce moyen
» le rouge le plus foncé paroîtra en cet endroit.

» Par la même raison les goutes situées entre
» E & F enverront à l'œil le plus grand nombre
» possible des rayons de moyenne réfrangibilité,
» & ils y feront par conséquent briller les cou-
» leurs intermédiaires. Ainsi de E en F, les
» couleurs de l'Iris paroîtront dans cet ordre,
» violet, indigo, bleu, vert, jaune, orangé,
» rouge. Mais le violet, étant mêlé à la lumière
» blanche des nuées, sera foible & tirant sur le
» pourpre (1) ».

(1) On conçoit comment la lumière blanche affoiblit

Voilà pour l'Iris interne, voici pour l'Iris externe.

« L'angle S G O étant égal à l'angle P O H
» (qui eſt de 50° 57′) ſera le plus petit ſous
» lequel les rayons les moins réfrangibles puiſſent
» émerger après deux réflexions : par conſé-
» quent ces rayons viendront à l'œil, en plus
» grand nombre poſſible, des goutes qui ſe
» trouvent ſur la ligne O G, & ils y feront pa-
» roître le rouge foncé.

» Pareillement l'angle S H O, étant égal à
» l'angle P O H (qui eſt de 54° 7′) ſera le
» plus petit ſous lequel les rayons les plus ré-
» frangibles puiſſent émerger après deux ré-
» flexions : par conſéquent ces rayons viendront
» à l'œil en plus grand nombre poſſible, des goutes
» qui ſe trouvent ſur la ligne O H, & ils y feront
» paroître le violet foncé.

» De même les goutes qui ſont entre G & H
» tranſmettront les rayons des couleurs inter-
» médiaires ſuivant leurs degrés de réfrangi-
» bilité. Ainſi de G en H, les couleurs de l'Iris
» paroîtront dans cet ordre, rouge, orangé,
» jaune, vert, bleu, indigo, violet.

» Comme les lignes O E, O F, O G, O H

---

une teinte quelconque ; mais on ne conçoit pas comment elle la feroit changer.

» peuvent être fituées en quelqu'endroit que ce
» foit des furfaces coniques dont il eft queftion,
» ce qui vient d'être dit des goutes & des cou-
» leurs qui fe voient fur ces lignes, doit être
» appliqué aux goutes & aux couleurs qui font
» en tout autre endroit de ces furfaces.

» C'eft ainfi que fe formeront deux arcs co-
» lorés; l'un interne, compofé des plus vives
» couleurs par une feule réflexion ; l'autre ex-
» terne, compofé de couleurs plus foibles par
» deux réflexions. Les couleurs de ces arcs
» feront dans un ordre inverfe; le rouge pa-
» roiffant toujours à leurs bords les plus pro-
» ches, & le violet à leurs bords les plus
» éloignés.

» La largeur apparente de l'arc interne E O F,
» mefuré en travers, fera de $1°$ $45'$; & celle
» de l'arc externe G O H, de $3°$ $10'$. Quant à
» leur diftance G O F, elle fera de $8°$ $55'$:
» le plus grand demi-diamètre de l'arc interne
» P O F, de $42°$ $2'$, & le plus petit diamètre
» de l'arc externe P O G, de $50°$ $57'$.

» Telles feroient les vraies mefures, fi le
» Soleil n'étoit qu'un point; mais à raifon du
» diamètre apparent de cet aftre, la grandeur
» des arcs doit augmenter d'un demi-degré,
» & leur diftance réciproque diminuer d'au-
» tant. Ainfi la largeur de l'Iris interne fera de

» 2° 15′; celle de l'Iris externe de 3° 40′;
» leur diſtance réciproque de 8° 25′; le plus
» grand demi-diamètre du premier de 42° 17′;
» & le plus petit demi-diamètre du dernier de
» 50° 42′. Ce qui paroît à-peu-près d'accord
» avec l'expérience, quand les couleurs ſont
» bien marquées ».

On voit que la démonſtration de l'Auteur
porte entièrement ſur des calculs. — Rien de
plus exact que ces calculs, nous dit-on. — C'eſt
ce qu'il faut examiner.

Mais il n'eſt pas beſoin d'un long examen
pour s'appercevoir que des rayons générateurs
les hétérogènes correſpondans n'y ſuivent pas
les mêmes rapports de réfrangibilité. Car ayant
décrit deux arcs, d'après leurs dimenſions cor-
rigées, c'eſt-à-dire dans les proportions que
donne l'obſervation, ſi on mène J G parallè-   Fig. 16.
lement à O H, & K E parallèlement à O F :
on aura les angles J G O & K E O pour
différences réfractionnelles entre les plus réfrangibles & les moins réfrangibles qui émergent des goutes E & G. Le premier de ces
angles eſt de 3° 40′; le dernier de 2° 15′;
les rayons homogènes reſpectifs n'auroient donc

M 4

pas le même degré de réfrangibilité : ce qui est absurde.

Ce n'est pas tout. Si on compare les réfractions totales des hétérogènes, on trouvera qu'ils sont bien éloignés de suivre les rapports de réfrangibilité fixés par Newton (1). A leur passage de l'eau de pluie dans l'air, il leur donne pour sinus de réfraction les nombres 108, 108 $\frac{1}{7}$, 108 $\frac{2}{7}$, 108 $\frac{3}{7}$, 108 $\frac{4}{7}$, 108 $\frac{5}{7}$, 108 $\frac{6}{7}$ & 109; leur commun sinus d'incidence étant 81 : le sinus des moins réfrangibles seroit donc au sinus des plus réfrangibles ce que 108 est à 109. Mais les angles des rayons générateurs d'extrême réfrangibilité étant l'un de 40° 17', l'autre de 42° 2', pour l'Iris interne ; & pour l'Iris externe, l'un de 50° 57', l'autre de 54° 7' : les sinus de réfraction des premiers sont entr'eux à-peu-près comme 17 & 18; tandis que les sinus de réfraction des derniers sont entr'eux à-peu-près comme 13 & 14. Ainsi, d'après le rapport de 108 à 109 environ 6 fois plus petit que celui de 17 à 18, l'Iris interne devroit avoir en largeur 20' tout au plus : tandis que l'Iris externe ne devroit avoir que 17', d'après le rapport de 108 à 109 environ 8 fois plus petit que celui de 13 à

(1) Voyez son Optique, L. I, Part. II, Prop. III.

14. **Différences énormes qui dépofent haute-
ment contre les formules de l'Auteur.**

Qui ne voit au demeurant que fi ces prétendus rapports de réfrangibilité n'étoient pas
imaginaires, les Iris auroient tous la même largeur; puifque ces rapports feroient invariables:
leur largeur étant très-différente, il fuit de-là
bien clairement, ou que les rayons générateurs
de la même Iris n'ont pas les mêmes angles d'incidence, ou que leurs angles de réfraction font
inconnus: ce qui rend abfolument arbitraires les
données du problême. Il eft donc évident que
les calculs de Newton font manqués.

Hé! comment ne le feroient-ils pas, à en
juger par la marche qu'il a fuivie? Au lieu de
déduire les phénomènes de fes principes, il a
plié fes principes aux phénomènes: le moyen
d'en douter, en examinant la manière dont il
s'y eft pris pour former un arc-en-ciel double!

Dans l'efpace entier qu'occupe la pluie, ayant
choifi quatre goutes H, G, F, E; il les place
aux bords de deux zones dont les dimenfions
correfpondent à celles des arcs colorés, &
dont l'intervalle eft proportionnel à celui de ces
arcs.

Enfuite fuppofant parallèles les rayons in-

cidens, il les fait fe réfracter & fe réfléchir
plufieurs fois dans chaque goute. Puis il fuppofe que les rayons hétérogènes fe féparent aux
furfaces de ces goutes : mais, fans fe mettre
en peine de la grandeur relative de leurs angles
de réfraction, il n'eft plus occupé que du foin
d'amener à l'œil ceux d'extrême réfrangibilité,
dont il veut que les couleurs terminent les
Iris ; les autres efpèces émergeant, felon lui,
de goutes comprifes dans les efpaces intermédiaires E F & G H. Après quoi il fuppofe que
les goutes placées dans une même ligne O E,
O F, O G, O H, tranfmettent chacune la même
efpèce de rayons. Enfin tous ces rayons formant deux cônes, dont les bafes font
appuyées fur la nue, & dont les fommets
aboutiffent à l'œil, il les fuppofe tournant autour d'une ligne O P, parallèle aux rayons
incidens, & il nous donne pour arcs-en-ciel les
deux zones femi-circulaires que ces cônes décrivent.

Mais quoi, des rayons réfractés & réfléchis
par la multitude innombrable de goutes de
pluie qui tombent de la nue, qui toutes décom-
poferoient la lumière, & qui toutes laifferoient
émerger efficacement fes rayons fous différens
angles, il ne parviendroit à l'œil que ceux qui
pourroient former les couleurs de l'arc-en-ciel !

— La prétention paroîtra singulière. — Eh !
en vertu de quelle loi encore ignorée, les
rayons solaires tomberoient - ils sur ces goutes
précisément sous les seuls angles propres à
donner ces couleurs toujours rangées dans le
même ordre, ou sous des angles propres à
n'en donner aucune ? Le supposer, c'est ranger
avec symmétrie toutes les goutes qui tombent de
la nue sur deux zones semi - circulaires, de la
forme & de l'étendue des Iris : expédient fort
commode à la vérité ; mais fort étrange, & tout
au moins inutile : car à quoi bon ce merveilleux arrangement, tant que ces zones ne sont
pas isolées, tant qu'elles ne composent pas
seules la région où il pleut ? Puis donc que cette
région est composée d'une multitude prodigieuse d'autres goutes sur lesquelles les rayons
solaires tombent en tous sens, il est manifeste
qu'elle ne devroit présenter qu'une infinité de
points différemment colorés : les Iris ne pourroient donc avoir aucune dimension déterminée, & il ne pourroit y avoir aucun intervalle entr'eux.

J'ai dit que la région entière qu'occupent
les goutes de pluie, devroit présenter une infinité de points différemment colorés : je me
trompe ; car les rayons solaires qui tombent

fur ces goutes fous tous les angles poffibles (1),
depuis zéro jufqu'à 70 degrés, étant la plupart
tranfmis : les rayons hétérogènes féparés par
la réfraction fe réfracteroient de nouveau dans
chaque goute interpofée ; ils changeroient donc
continuellement de direction, & fe mêleroient
de toute néceffité : or de leur mélange réfulteroit du blanc.

Ce que leur mélange n'auroit pas fait, leur
difperfion le feroit bientôt, & en fe prolongeant
à quelque diftance ils cefferoient toujours de
produire des teintes marquées. C'eft ainfi que
l'écume de l'eau de favon, fur laquelle de brillantes couleurs s'apperçoivent de fort près,
paroît blanche à quelques pas. Ou fi l'on veut
un exemple plus analogue au fujet ; c'eft ainfi
que les zones colorées que préfentent de fort
près les vapeurs abondantes de l'eau chaude,
difparoiffent à quelques pieds, & fe changent en
gris plus ou moins clair.

Il eft donc démontré que les rayons folaires
incidens fur les goutes de pluie ne pourroient
jamais former des arcs-en-ciel, tant que ces
goutes ne feroient pas rangées fymmétriquement
fur deux zones ifolées.

_____

(1) Voyez la note 3 de la page 176.

Encore cela ne fuffiroit-il pas, à moins qu'elles
ne fe trouvaffent jamais plufieurs de file. Après
avoir fuppofé que chaque goute ne tranfmet à
l'œil qu'une feule efpèce de rayons à la fois,
on fuppofe que toutes les goutes qui fe trouvent fur chacune des lignes O E, O F, O G,
O H, &c. qu'ils décrivent, lui tranfmettent conftamment la même efpèce. Mais il faudroit
pour cela, que les rayons folaires les rencon-
traffent toutes fous la même obliquité : or fuppofer cette parfaite égalité des angles d'incidence, c'eft admettre l'impoffible. Suppofons-la
toutefois : les rayons qui viennent de chaque
Iris, convergeant à l'œil, formeront un cône
de hauteur confidérable. A la bafe de ce cône,
les rayons hétérogènes font réputés tranfmis chacun par une goute féparée : mais à mefure qu'ils
fe prolongent, ils font fucceffivement tranfmis
par un nombre de goutes, toujours d'autant
moins confidérable qu'ils approchent davantage
du fommet, où fouvent ils font tous tranfmis
par une feule goute. Ce qui doit néceffairement
changer leurs premières directions, les difperfer
en grande partie, raffembler, confondre ceux
qui reftent, & former du blanc de leur mélange.

Enfin quand les goutes de pluie, rangées
fymmétriquement fur des zones ifolées, ne s'y

Fig. 2.

trouveroient jamais plufieurs de file , elles ne pourroient encore former d'Iris , que leur figure & leur groffeur ne fuffent conftantes. Or à les fuppofer toutes parfaitement rondes & toutes d'égal diamètre, en commençant à fe. former ; elles fe réuniffent & groffiffent plus ou moins dans leur chûte : dans leur chûte auffi elles s'appla-tiffent plus ou moins, à raifon de la réfiftance que l'air leur oppofe, & toujours d'autant plus qu'elles approchent davantage de terre. Telle eft même leur irrégularité, qu'il ne s'en trouve peut-être pas deux d'égale groffeur dans la même file. Ainfi l'angle de réfraction des rayons hé-térogènes, correfpondant à l'angle d'incidence des rayons folaires, change continuellement, à mefure qu'elles s'abattent le long des côtés C H, D G, ou A F, B E : ce qui doit altérer l'ordre de leurs teintes. Fût-il conftant dans un point de l'Iris , il ne feroit donc pas pour cela uniforme dans tous les points. C'eft donc fe faire illufion que prétendre former l'arc-en-ciel , en fefant mouvoir les rayons des cônes G O H & E O F autour de la ligne O P.

Oui , Meffieurs , & pourriez-vous en douter maintenant ; pour produire un arc-en-ciel double, il faudroit, dans le fyftéme dont l'examen nous occupe, que les goutes de pluie, toujours feules dans chaque file, fuffent toutes parfaitement fphériques, toutes d'égal diamètre, toutes rangées fur deux zones ifolées, & toutes rencontrées fous le même angle par les rayons folaires : encore après ce merveilleux arrangement n'en feroit-on pas plus avancé ; puifqu'il refteroit à trouver la raifon de l'ordre régulier & invariable des couleurs de l'arc-en-ciel.

Admettons pour un moment que les rayons hétérogènes, féparés par leurs différentes réfractions aux furfaces des premières goutes de pluie, parviennent à l'œil fous les angles fuppofés, fans jamais fe dévier, fe mêler, fe confondre ; on ne voit pas pourquoi les violets & les rouges termineroient conftamment chaque Iris ; & on fent bien qu'il eft impoffible d'en donner une bonne raifon. Car ces rayons divergeant tous des goutes de pluie qui les réfractent, chaque goute n'en tranfmet à l'œil qu'une feule efpèce à la fois ; les autres paffant au-deffus ou au-deffous, d'un côté ou de l'autre, & toujours à des diftances proportionnelles à leurs degrés de réfrangibilité. Mais les couleurs des Iris étant vues dans la longueur indéterminée des rayons E O, F O, G O, H O, & des intermédiaires, ce n'eft qu'au point de concours de ces rayons qu'on les appercevroit tous à la fois ; il n'y auroit donc qu'un feul point d'où

Fig. 2.

l'arc pût paroître entier ; hors ce point , iî cef-
feroit d'être terminé par les mêmes couleurs,
& fes dimenfions changeroient brufquement (1):
les couleurs des rayons qui terminent les Iris
devroient donc changer fans ceffe avec la pofition de l'œil. En le hauffant ou le baiffant , en le
portant à droite ou à gauche , en l'approchant ou
l'éloignant , on devroit donc voir chaque couleur
de l'Iris devenir à fon tour celle des bords (2).

(1) Si l'on prétendoit que les rayons de la goute qui
ont difparu font à l'inftant remplacés par les rayons correfpondans de la goute la plus voifine ; j'obferverois
fimplement que , pour cela , ces rayons devroient être
fi ferrés qu'il n'y eût point d'intervalle entr'eux: & alors
ceux d'une couleur, tombant fur ceux d'une autre couleur , produiroient néceffairement une teinte mixte ou
plutôt du blanc ; car ce qui arriveroit à deux efpèces de
rayons , arriveroit également à toutes.

(2) Pour le fentir , il fuffit de jeter un coup d'œil
fur la 3ᵉ figure de l'arc intérieur.

Fig. 2. On dit que tous les rayons , excepté les violets, con-
tenus dans la ligne S E , fortant de E fous un angle plus
grand que S E O formé par le violet pafferont au-deffous
de l'œil ; & que tous les rayons , excepté le rouge contenu dans la ligne S F , fortant de F fous un angle plus
petit que S F O formé par le rouge pafferont au-deffous
de l'œil : de toutes les couleurs comprifes dans les efpaces S F & S E , on ne verroit donc que le rouge de
l'un & le violet de l'autre.

Ainfi en plaçant l'œil fucceffivement un point plus
L'ordre

& l'ordre des couleurs intermédiaires change
continuellement. On devroit voir auſſi le nombre
de ces teintes ſe réduire & diſparoître tour-à-
tour. On devroit encore appercevoir les Iris
dans certaine poſition, & ne plus les appercevoir dans d'autres poſitions. Conſéquences néceſſaires des principes de l'Auteur, mais que l'expérience dément. Ainſi ce ſyſtême rend raiſon
de tout, excepté des phénomènes qui carac-
tériſent l'arc-en-ciel : que de ſavoir vainement
prodigué !

Enfin, il ſuffit de regarder les Iris à travers

bas, mais correſpondant aux prétendus rapports de réfrangibilité, l'arc-en-ciel ſeroit terminé au haut par
l'orangé, au bas par l'indigo : enſuite au haut par le
jaune, au bas par le bleu ; puis au haut par le vert, &
au bas par le vert ; puis au haut par le bleu, au bas par
le jaune ; puis au haut par l'indigo, au bas par l'orangé ;
enfin, au haut par le violet, au bas par le rouge. Plus
bas encore les teintes inférieures manquerôient ſuccef-
ſivement, & l'arc-en-ciel auroit moins de couleurs.

Dans ce ſyſtême, l'ordre des couleurs apparentes n'a
donc point de raiſon, puiſqu'il dépend abſolument de la
poſition arbitraire de l'œil. Comment donc l'arc-en-ciel
paroîtroit-il le même à tous les yeux dans des poſitions
variées à l'infini ? mais puiſqu'il ne varie pas, quelque
poſition que l'œil prenne, il dépend d'une cauſe indépendante de la réfraction.

N

un prifme pour s'affurer que l'externe n'eft pas formée comme l'Auteur le prétend.

Exp. 2.   *Vues à travers un prifme de 60°, le fommet de l'angle tourné en bas, elles deviennent plus arquées : mais l'ordre de leurs couleurs ne change du tout point.*

Exp. 3.   *Le fommet de l'angle tourné en haut, elles paroiffent fous la forme d'une zone blanche rectiligne & horifontale, lorfqu'on fait mouvoir le prifme fur fon axe, de manière que la première furface foit peu inclinée aux rayons incidens : puis leurs couleurs reffortent de la zone en ordre inverfe, à mefure que le prifme continue à tourner dans le même fens.*

Exp. 4.   *Si le prifme n'a que 30 degrés ; les couleurs gardent leur ordre, feulement les Iris paroiffent plus foibles & plus étroites.*

D'après le fyftême de l'Auteur, on conçoit que l'ordre des couleurs de l'Iris interne ne doit pas changer, lorfque l'image eft abaiffée par la réfraction : mais on conçoit auffi qu'il eft impoffible que l'ordre des couleurs de l'Iris externe ne change pas ; car des rayons hétérogènes prolongés à une lieue, & ne divergeant entr'eux que de quelques minutes, font réfractés par le prifme infiniment plus qu'il ne faut pour prendre un ordre inverfe. Puis donc que l'ordre des couleurs de la dernière n'eft pas moins invariable que celui des couleurs de la première, cet ordre eft le même pour toutes deux : & s'il paroît inverfe dans celle-ci, c'eft qu'elle eft toujours compofée de deux Iris dont les couleurs des bords internes font fuperpofées : auffi paroît-elle toujours terminée par le pourpre.

Il eft inconteftable que l'explication de l'arc-en-ciel donnée par Newton fe réduit à de fimples conjectures deftituées de fondement. On alléguera fans doute en preuve les expériences d'où les données du problême ont été déduites : c'eft ici le lieu d'analyfer ces expériences, & de faire voir le peu de jufteffe de cette induction.

Dans l'hypothèfe qu'un globe de verre, plein d'eau, tranfmet toujours à l'œil une efpèce particulière de rayons, lorfque les incidens & les émergens forment un angle déterminé ; il eft clair que les rayons réfractés & réfléchis par des goutes de pluie feront briller différentes couleurs. Mais pour en conclure les apparences optiques de l'arc-en-ciel, il ne fuffit pas d'avoir les angles fous lefquels les rayons hétérogènes doivent émerger du globe.

Au foin extrême que Newton apporte à déterminer la différente réfraction des rayons dont il fait réfulter chaque Iris, qui croiroit que ces calculs fi délicats font complettement manqués? Rien de plus vrai cependant; car il ne s'agit pas de favoir fous quels angles les rayons hétérogènes émergent d'un globe femblable à celui des expériences de l'Archevêque de Spalato : mais de favoir fous quels angles ils émergent d'une goute de pluie ; puifque ces angles varient conftamment avec le diamètre de la fphère, & la diftance du point d'émergence au point d'incidence des rayons folaires.

Exp. 5. *Qu'à travers un trou percé dans un carton, on les faffe (1) tomber perpendiculairement fur une fphère de 10, 20, 30, 40 lignes (2) de diamètre ; il ne paroîtra point de couleurs, quelque pofition que l'œil prenne.*

Cela doit être, dira-t-on fans doute ; car alors les rayons qui pénètrent jufqu'à la dernière furface, en étant réfléchis perpendiculairement, ne fouffrent aucune décompofition. —— Soit, il faut donc qu'ils entrent obliquement dans une fphère, **Exp. 6.** pour qu'elle les renvoie colorés. *Or s'ils tom-*

---

(1) Ou plutôt un difque de carton percé d'un petit trou.

(2) Je ne confidère point ici la fphère de verre où l'eau eft contenue, parce que les réfractions des rayons incidens & émergens fe compenfent avec exactitude, lorfque fes parois font d'égale épaiffeur.

bent avec certaine obliquité fur une fphère de 30 lignes ; en portant l'œil du point d'incidence vers le
milieu de l'hémifphère tourné contre le foleil , puis
en l'abaiſſant vers le bord inférieur, on verra au
bord oppoſé diverſes couleurs à la fois , fi les incidens & les émergens forment un angle quelconque
depuis 10 degrés jufqu'à 48. Cet angle eſt-il de
48 degrés ? —— Alors ſeulement ces couleurs paroiſſent avec éclat.

Si l'angle eſt de 49 degrés ; les rayons jaunes
offriront un point radeux.

Et s'il eſt de 50 degrés ; les rouges offriront un
point radieux à leur tour.

Les rayons ſolaires tombent-ils ſous certaine   Exp. 7.
obliquité ſur une fphère de 4 lignes ?

{ Les jaunes offrent un point radieux , lorſque
   l'angle eſt de   20°.
{ Et les rouges , lorſqu'il eſt de   21°.

Enfin les rayons ſolaires tombent-ils ſous cer-   Exp. 8.
taine obliquité ſur une fphère d'une ligne & demie,
diamètre approchant de celui d'une goute de pluie ?

{ Les jaunes offrent un point radieux, dès que
   l'angle eſt de   16°.
{ Et les rouges , dès qu'il eſt de   17°.

Mais s'ils tombent de l'autre côté de l'hémiſ-   Exp. 9.
phère , en avançant l'œil horifontalement vers le
côté oppoſé , de manière que les points d'incidence

& d'émergence foient les plus diftans que faire fe peut; les couleurs paroîtront fous d'autres angles très-différens, & elles auront beaucoup plus d'éclat (1).

Exp. 10. *Or la fphère d'eau ayant 30 lignes de diamètre ;*

> *les jaunes offrent un point radieux, lorfque l'angle formé par les incidens & les émergens eft de*   61°.
>
> *Et les rouges, lorfqu'il eft de*   63°.

Exp. 11. *La fphère a-t-elle 4 lignes ?*

> *Les jaunes offrent un point radieux, lorfque l'angle eft de*   59°.
>
> *Et les rouges, lorfqu'il eft de*   60°.

Exp. 12. *La fphère n'a-t-elle qu'une ligne & demie ?*

> *Les jaunes offrent un point radieux, dès que l'angle eft de*   57°.
>
> *Et les rouges, dès qu'il eft de*   58°.

Il en eft de même quand ces fphères font entièrement expofées au foleil. —

Obfervons d'abord que l'angle d'émergence étant toujours déterminé par l'angle d'incidence, il n'eft aucune raifon pour que les rayons ne

___

(1) Que fi leurs couleurs font peu apparentes, lorfque leur obliquité eft peu confidérable, c'eft qu'ils font trop peu raffemblés par la réflexion & la réfraction.

fortent colorés que fous quelques angles d'ou‑
vertures données.

Obfervons enfuite que lorfque l'œil s'avance
vers le milieu ou vers le bord de l'hémifphère
tourné contre le foleil ; l'ordre des couleurs
devient inverfe : mais quoique les rayons émer‑
gent, dans le premier cas, après deux réfractions
& deux réflexions intermédiaires (1) ; dans le
dernier cas, après deux réfractions & une ré‑
flexion intermédiaire ; les rayons hétérogènes
n'émergent dans aucun de ces cas fous les
angles fixés par l'Auteur.

Ces angles font même fort éloignés de fuivre
les rapports de la différente réfrangibilité pré‑
tendue. Pour le fentir, il fuffit de comparer les
finus de réfraction des rayons hétérogènes à leur
paffage de l'eau de pluie dans l'air.

---

(1) J'en juge à la foibleffe des points radieux, & à
la direction des rayons ; car leurs points d'incidence &
d'émergence font toujours aux côtés oppofés. On s'en
affure en interceptant les rayons incidens au moyen
d'une bandelette de papier, ou par l'ombre d'un corps
menu projetée à l'endroit de leur incidence. Or en
vertu des lois de la Dioptrique & de la Catoptrique, les
points radieux vus fous un angle de 16 à 17 degrés ne peu‑
vent être produits que de rayons tranfmis par une goute
de pluie après deux réfractions & deux réflexions in‑
termédiaires, comme on le verra ci‑après.

Suivant Newton, les différences réfractionnelles de ces finus font dans la proportion des nombres 108, 108 $\frac{1}{7}$, 108 $\frac{2}{7}$, 108 $\frac{3}{7}$, 108 $\frac{1}{2}$, 108 $\frac{4}{7}$, 108 $\frac{5}{7}$ & 109; le commun finus d'incidence étant 81. Le finus des rouges feroit donc au finus des jaunes ce que 108 eft à 108 $\frac{1}{7}$, ou, fi l'on veut, ce que 324 eft à 325. Mais à leur paffage d'une fphère d'eau d'une ligne & demie en diamètre ou d'une goute de pluie, ces finus déterminés par mes expériences font entr'eux ; d'un côté, dans le rapport de 57 à 58, rapport à-peu-près 6 fois plus grand que celui qui leur eft affigné ; d'un autre côté, dans le rapport de 16 à 17, rapport au moins 20 fois plus grand.

Enfin obfervons que, d'après les rapports donnés par mes expériences, l'ordre des couleurs des Iris feroit inverfe de celui que donne l'obfervation, & leurs diamètres très-différens : car le demi-diamètre de l'interne auroit 17 degrés au lieu de 42° 2'; & le demi-diamètre de l'externe 58 degrés au lieu de 50° 57'.

Il n'eft donc pas douteux que les directions attribuées par l'Auteur aux rayons hétérogènes réfractés & réfléchis par des goutes de pluie, avant de parvenir à l'œil, font conclues d'expériences très-mal faites. Ainfi les dimenfions qu'il donne aux Iris font purement arbitraires; & fi elles fe trouvent à-peu-près d'accord avec l'obfervation, c'eſt à raiſon d'un rapport purement fortuit. D'un rapport fortuit ? Diſons plutôt à raiſon de l'étendue des limites de l'angle que forment les rayons incidens & les rayons émergens, avant qu'une ſphère d'eau de certain diamètre ceſſe de faire voir des couleurs. Or Newton a choiſi un point de vue où cet angle paroiſſoit limité comme il convenoit le mieux à ſon ſyſtême; car dans ce ſyſtême ſi exalté, tout l'art de l'Auteur conſiſte à adapter des formules aux obſervations, & à paroître déduire les phénomènes de ſes principes (1).

Venons à des objeđions plus tranchantes encore.

---

(1) Newton qui poſſédoit ſi bien le talent de développer une expérience, poſſédoit ſans doute également celui de l'analyſer : mais il oublia plus d'une fois d'en faire uſage, & c'eſt à cet oubli qu'il faut attribuer la foibleſſe (pour ne rien dire de plus) de preſque toutes les parties de ſon ſyſtême des couleurs. Un penchant irréſiſtible le portoit toujours, en étudiant la Nature, à recourir à l'inſtrument qu'il manioit le mieux : auſſi n'eſt-il preſqu'aucun phénomène auquel il n'ait appliqué quelque formule géométrique ; & pour nous borner à un point relatif à celui qui nous occupe, prenons la 16e Exp. de la II Part. du Liv. I ; expérience préparatoire à ſa théorie de l'arc-en-ciel. On ſait qu'elle a pour objet l'arc bleu qu'on voit à la baſe d'un priſme expoſé

Quelque polition que l'on prenne en répétant les expériences d'où Newton eſt parti,

en plein air à la lumière du ciel. Or , il prétend que cet arc n'eſt viſible que lorſque les angles d'incidence & de réflexion à la baſe ſont renfermés dans certaines limites. Voici ſa démonſtration qu'il importe de ſuivre , la figure géométrique ſous les yeux.

Fig. 17.

« Que H F G ſoit un priſme en plein air , & S l'œil
» du ſpectateur appercevant le ciel par la lumière qui
» tombe ſur le côté F J G K, ſe réfléchit de deſſus la
» baſe H E J G , & ſort par le côté H E F K. Le priſme
» & l'œil étant placés de manière que les angles d'inci-
» dence & de réflexion à la baſe aient environ 40 de-
» grés ; on voit un arc bleu M N qui s'étend d'un bout
» à l'autre de la baſe ; la concavité de l'arc eſt tournée
» vers le ſpectateur ; & la partie I M N G au-delà de
» l'arc paroît plus brillante que la partie E M N H, qui
» eſt en-deçà. Comme cet arc bleu n'eſt produit que
» par la réflexion d'une ſurface ſpéculaire , il devient
» un phénomène ſi étrange & ſi difficile à expliquer par
» le ſyſtême des Philoſophes , qu'il doit être jugé digne
» d'obſervation.

» Pour en montrer la cauſe ; ſuppoſez que le plan
» A B C coupe perpendiculairement les côtés & la baſe
» du priſme : alors ſi de l'œil à la ligne B C, on mène
» les lignes S p & S t, qui faſſent l'angle S p C de 50 de-
» grés $\frac{1}{9}$, & l'angle S t C de 49 degrés $\frac{1}{28}$; le point p
» ſera le terme au-delà duquel aucun des rayons les
» plus réfrangibles ne peut paſſer à travers la baſe , leur
» incidence étant telle qu'ils doivent tous être réfléchis ;

jamais on n'apperçoit fucceffivement toutes les teintes de l'arc-en-ciel. La rouge·& la jaune font les feules apparentes : ainfi point de vert,

---

» & le point *t* fera le terme au-delà duquel aucun des » rayons les moins réfrangibles ne peut paffer à travers » la bafe, leur incidence étant telle qu'ils doivent tous » être réfléchis : tandis que le point *r*, qui tient le mi- » lieu entre *p* & *t*, limitera de même les rayons de » moyenne réfrangibilité. Ainfi, les moins réfrangibles » qui tombent fur la bafe entre *t* & B, & qui peuvent » parvenir à l'œil, feront tous réfléchis : mais entre *t* » & C, plufieurs de ces rayons pafferont à travers la » bafe. D'une autre part, les plus réfrangibles qui tom- » bent fur la bafe entre *p* & B, & qui peuvent parvenir à » l'œil, feront tous réfléchis : mais entre *p* & C plu- » fieurs de ces rayons pafferont à travers la bafe. Il en » fera de même des rayons de moyenne réfrangibilité » des deux côtés du point *r*. D'où il fuit que la bafe du » prifme doit paroître blanche & brillante dans tout » l'efpace compris entre *t* & B, à raifon d'une réflexion » totale des rayons hétérogènes. Mais en *r* & en d'autres » endroits entre *p* & *t*, où les plus réfrangibles font tous » réfléchis à l'œil, & où les moins réfrangibles font » tranfmis en grand nombre, l'excès des premiers doit » faire paroître bleu-violet cet efpace. C'eft ce qui ar- » rive en quelque partie de la bafe qu'on prenne la » ligne C *p r t* B entre les bouts du prifme ».

Mais cette explication eft purement hypothétique, ou plutôt elle eft démentie par des faits décififs.

Si cet arc dépendoit d'une difpofition des rayons à être ou n'être pas réfléchis, lorfqu'ils tombent fur la

point de bleu, point de violet ; fi on excepte
quelques foibles rayonnemens qui s'apperçoivent
de près autour des points radieux. Ajoutons
que les deux premières teintes ne paroiffent pas
même dans l'ordre de la réfrangibilité prétendue
de leurs rayons refpectifs : car l'orangé & la
jaune paroiffent en même-tems.

Enfin quoique l'Auteur prétende que chaque
efpèce des rayons émergens de la même goute
doit tour-à-tour venir à l'œil ; néanmoins lorfqu'ils forment avec les incidens un angle de
63 degrés, on voit à la fois du rouge & du
jaune à l'un des bords de la fphère de 30 lignes;
au bord oppofé, du jaune & du rouge : tandis
que ces couleurs fe voient à la fois dans une
fphère d'une ligne & demie, lorfque ces rayons

---

bafe du prifme fous des angles déterminés ; le phénomène feroit invariable, quelle que fût la figure du
prifme. Or, il eft conftant que lorfque cette figure eft
celle d'un rectangle ifocelle, l'arc bleu s'apperçoit, tant
que les angles d'incidence & de réflexion font de 26
degrés. Et il n'eft pas moins conftant, lorfque le prifme
n'a pas plus de 22 degrés, que cet arc ne s'apperçoit jamais, fous quelque angle que la lumière y tombe.
Il paroît donc certain que Newton a obfervé ce phénomène à la bafe d'un prifme équilatéral, & qu'il s'eft
contenté, fuivant fa coutume, d'y clouer une formule
géométrique.

forment des angles de 50 degrés. C'eſt donc
à tort qu'il ſuppoſe que la même goute de
pluie ne ſauroit faire paroitre deux couleurs ou
deux Iris à la fois.

Ainſi chaque point de ſa doctrine porte ſur
une baſe ruineuſe ; & c'eſt ici une nouvelle
preuve que la Nature y eſt toujours pliée aux
opinions, & l'obſervation aux calculs : mais nous
ne ſommes pas au bout ; telles ſont même les
inconſéquences de cette doctrine, qu'elles paroiſſent inépuiſables.

Il eſt tems, Meſſieurs, de démontrer que
les cauſes auxquelles notre Auteur attribue
l'arc-en-ciel ſont purement fictives.

Après s'être étayé des Expériences de l'Ar-
chevéque de Spalato, il revient à la ſynthèſe ;
& pour mettre hors de doute la prétendue in-
faillibilité de ſes principes, il veut paroître en
déduire, par voie de calcul, toutes les apparences de l'arc-en-ciel. Si l'application qu'il en
fait ſemble d'abord quadrer avec quelques
points, à peine entreprend-on de l'approfondir,
qu'on s'apperçoit combien elle leur eſt oppoſée.

Ici ſe préſente une réflexion qui doit frapper
tout Lecteur verſé dans l'Optique, pour peu
qu'il ait l'eſprit juſte. On a vu que Newton
travaillant à rendre raiſon des couleurs de l'arc-

en-ciel, s'occupe uniquement à tracer la route d'un rayon folaire, qu'il fuppofe réfracté & réfléchi plufieurs fois dans une goute de pluie avant de parvenir à l'œil : or parmi les divers phénomènes que préfentent les rayons incidens fur chaque goute, eft-il concevable qu'il fe foit borné à un feul, & qu'il ait compté les autres pour rien ? L'examen de ces phénomènes étoit indifpenfable ; il ne l'a point fait, faifons-le pour lui.

Les rayons folaires qui pénètrent chaque goute de pluie ne fauroient s'y réfracter ou s'y réfléchir, fans fuivre les lois de la Dioptrique & de la Catoptrique : cela eft certain. Mais , à part ceux qui s'y difperfent ou s'y éteignent, il eft impoffible de les confidérer féparément : car de quelque manière qu'ils foient réfractés ou réfléchis, ils fe réuniffent tous plus ou moins parfaitement pour former différentes images du Soleil.

Exp. 13. Ne quittons point les expériences dont l'Auteur fit la bafe de fon travail : *Qu'un globe de verre de 30 lignes , plein d'eau, repréfente donc ici une goute de pluie, & qu'on l'expofe aux rayons folaires : l'œil (I), placé à quelques pieds de dif-*

(1) Je place ici l'œil après le foyer , comme il l'eft toujours en voyant l'arc-en-ciel.

rance , verra une image droite du Soleil formée des
rayons réflechis à la première furface ; & une image
renverfée du Soleil, formée des rayons réflechis
à la feconde furface ; ou bien une image renverfée
du Soleil, formée des rayons tranfmis par la fphère
entière (1). Phénomènes qui s'obfervent beaucoup
mieux encore de nuit, lorfqu'on expofe le globe aux
rayons d'une bougie.

Exp. 14.

La première de ces images eft toujours aco‑
lore ; la feconde ne paroît bordée de légères Iris
qu'autant que l'œil eft très‑incliné à l'axe des
rayons incidens ; & la troifième eft toujours
plus ou moins bordée d'Iris, quelque pofition
que l'œil prenne.

La dernière de ces images eft auffi la plus vive ;
l'arc‑en‑ciel ne devroit donc jamais paroître
avec plus d'éclat que lorfque la nue , qui fond
en eau , eft placée entre le Spectateur & le
Soleil: alors toutefois on n'en découvre aucun
veftige; & c'eft‑là, je le répète, une inconfé‑
quence frappante du fyftême de l'Auteur.

Mais à s'en tenir aux images produites par
réflexion, il eft évident que la furface de l'hé‑
mifphère antérieur de chaque goute de pluie,

(1) Je ne parle point des images formées par une
réflexion répétée plufieurs fois ; parce qu'elles font trop
foibles pour être apperçues à quelque diftance.

comme celle du globe d'eau, doit offrir les phénomènes d'un miroir convexe; tandis que la
furface de l'hémifphère poftérieur doit préfenter
les phénomènes d'un miroir concave, tous deux
à-peu-près de même fphéricité.

La grandeur de ces images varie avec l'éloignement de l'œil aux furfaces réfléchiffantes.
J'en dis autant de l'intenfité de leur lumière.
Ainfi, à 8, 10, 12, 15 pieds de diftance, la feconde
image n'eft qu'un peu plus grande & un peu plus
vive que la première, tant que les rayons émergens & les rayons incidens ne forment pas un
angle de plus de 40°; quoique la fphère ait 30 lignes en diamètre. A 30, 40, 50 pieds de diftance, leur différence eft prefque infenfible.

Mais lorfque la fphère n'a qu'une ligne &
demie en diamètre; à 20 pieds de diftance la
différence eft inappréciable.

Paffé le foyer des furfaces, ces images folaires vont toujours en diminuant à proportion
que l'œil s'éloigne; parce qu'elles ne font plus
formées que de rayons qui divergent à leur
incidence (1); & que ces rayons émergent de
points toujours moins diftans de l'axe.

_____

(1) La feconde image eft produite par les rayons
qui auroient concouru à former l'image par réfraction, s'ils avoient été tranfmis. A leur incidence, ces

Enfin

Enfin à mefure que les images vont en diminuant de grandeur, les Iris diminuent dans
la même proportion.

Le Lecteur impatient demandera fans doute
d'où viennent les couleurs que le globe fait
voir, lorfque les rayons incidens & les rayons
émergens forment des angles de certaine ouverture. Ce n'eft affurément pas de la décompofition que la lumière eft fuppofée fouffrir en
fe réfractant (I); puifqu'elles ne fuivent pas
les rapports de la prétendue différente réfrangibilité des rayons hétérogènes, quelle que foit
l'ouverture de ces angles. Pour peu qu'on les
examine avec foin, on reconnoît qu'elles viennent uniquement des Iris dont le champ des
rayons folaires eft circonfcrit (2), & dont la

rayons font toujours convergens & divergens. Je ne
parle point ici de rayons parallèles, parce que leur pa-
rallélifme eft l'effet de l'art feul.

(I) On en verra dans la II Partie des preuves irré-
fiftibles. Je ne m'arrête pas à démontrer la caufe de ces
Iris, l'Académie n'en ayant point fait une condition de
fon Programme.

(2) Ces images ne s'apperçoivent parfaitement que
de nuit & à la lumière d'une bougie; on voit alors du
bleu qu'on ne diftingue point au foleil; dans toutes

O

partie tranſmiſe forme celles de l'image ré-

Exp. 15. fraćtée : on s'en aſſure *en mettant un petit diſque de papier blanc ſur l'hémiſphère poſtérieur.*

Lorſque le globe a 30 lignes de diamètre ; ces Iris, toujours fort étendues, s'apperçoivent ſous tous les angles poſſibles depuis zéro juſ- qu'à 63 degrés : ainſi ce qu'on nous dit *des accès de facile réflexion & de facile tranſmiſſion* n'eſt rien moins que fondé ; puiſque les rayons hété- rogènes ſont également diſpoſés à émerger ſous quelque angle que ce ſoit. Au reſte ſi ces Iris venoient de la cauſe à laquelle on les attribue, on devroit voir l'arc-en-ciel ſous tous les angles poſſibles depuis zéro juſqu'à 63 degrés.

Conſtamment jaunes & rouges lorſque le globe n'eſt expoſé qu'à la lumière du ſoleil, ces Iris ſe contraćtent par la réfraćtion, & deviennent plus vives à meſure que l'œil s'incline à l'axe des rayons incidens ; mais elles ne ſe changent en points radieux, que lorſqu'elles coïncident avec la ſeconde image réfléchie, qu'elles tei- gnent alors de leurs couleurs. Auſſi ces points radieux ne paroiſſent-ils qu'aux bords de la ſphère.

Là paroît alors une autre image réfléchie par

deux, le bleu eſt interne, le rouge externe ; enfin, le bleu & le jaune rapprochés produiſent du vert par leur mélange ; & toutes ces couleurs ſe voient à la fois.

la même furface , & circonfcrite des mêmes couleurs , mais difpofées en ordre inverfe : elle fe
réunit à la feconde , & leur réunion augmente
l'éclat des points radieux.

Cette nouvelle image formée des rayons
a e f g, comme l'autre eft formée des rayons
a b c d paroît même dès que les incidens
& les émergens forment un angle de 26°, c'eft-
à-dire très-long-temps avant que ces images fe
réuniffent , & que les points radieux viennent
à paroître. Si leurs couleurs paroiffent en ordre
inverfe , c'eft qu'elles coupent fur les bords
oppofés des Iris de l'image formée par réfraction.

Fig. 18.

En même temps, ou prefque en même temps,
paroît du côté oppofé une image folaire radieufe jaune & rouge, produite par les rayons
a h i k l ; & du même point cette image paroît également double. Ainfi les images apparentes à l'un des côtés de la fphère font toutes
produites par des rayons incidens fur l'autre
côté ; mais il y a entr'elles cette différence
que ceux des premières parviennent à l'œil après
deux réfractions & une feule réflexion intermédiaire ; tandis que ceux des dernières n'y parviennent qu'après deux réfractions & deux réflexions intermédiaires.

Fig. 19.

De ces obfervations il réfulte que le fpectateur ayant le dos tourné au foleil, chaque

goute de pluie devroit dans certaine pofition luï faire appercevoir à la fois, ou deux images folaires acolores très-vives tant que les rayons émergens formeroient avec les rayons incidens un angle quelconque au-deffous de 16°, & dans d'autres pofitions deux images folaires également acolores tant que ces rayons formeroient un angle quelconque au-deffous de 57°; ou trois images, dont une acolore & deux colorées, tant que ces rayons formeroient des angles de 57 à 58°; ou cinq images dont une acolore & quatre colorées, dès que ces rayons formeroient un angle de 58°. Mais à l'inftant où l'angle deviendroit plus grand, toutes ces images difparoîtroient à la fois, & celle que réfléchit la première furface feroit feule apparente.

Ainfi dans certaines pofitions, les goutes de pluie ne devroient faire voir, au lieu d'Iris, que deux zones blanches radieufes. Dans d'autres pofitions, elles devroient faire voir une Iris (1) de 32 à 34° de diamètre; mais colorée en rouge & jaune feulement, & toujours accompagnée d'une zone blanche radieufe. Dans d'autres pofitions encore, elles devroient faire voir deux

---

(1) A très-petite diftance les images doubles colorées ne forment plus qu'un point radieux; auffi concourent-elles à former la même Iris.

Pl. IX. Pag. 212.

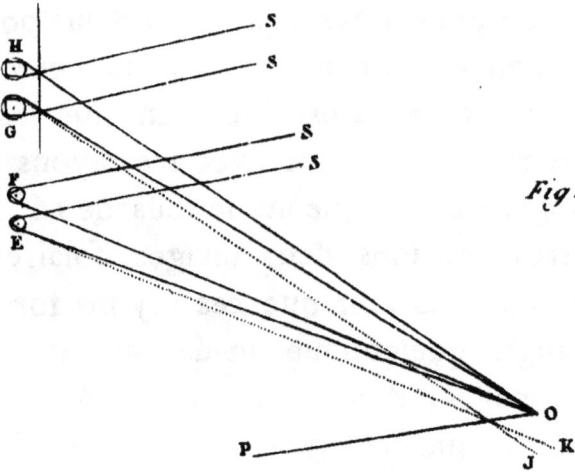

Fig. 16.

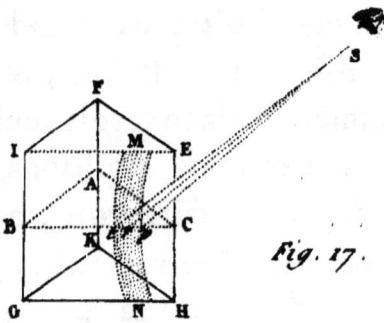

Fig. 17.

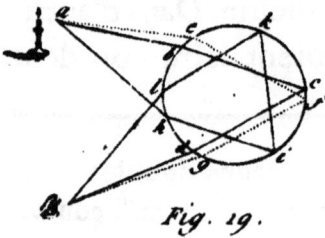

Fig. 19.

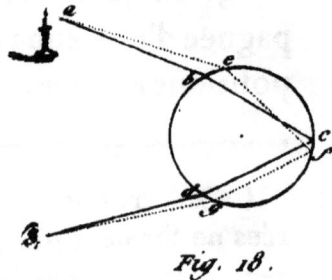

Fig. 18.

Thavenard sculp.

Iris femblables, toujours accompagnées d'une zone blanche radieufe, & n'ayant pour intervalle que le diamètre des goutes de pluie. Enfin dans d'autres pofitions, elles ne devroient faire voir qu'une zone blanche radieufe.

Mais c'eft trop long-temps s'arrêter à de vains calculs; montrons que les rayons · folaires, de quelque manière qu'ils foient réfractés ou réfléchis par des goutes de pluie, ne peuvent jamais former d'arc-en-ciel; pour cela ayons recours à des obfervations qui n'auroient pas dû échapper à notre profond Géomètre.

Nous avons vu toutes les images que réfléchit une fphère d'eau, diminuer de grandeur à mefure que l'œil s'éloigne, & fe changer enfuite en points radieux : mais bientôt ces points radieux diminuent eux-mêmes pour difparoître tout-à-fait. Plus le diamètre de la fphère eft petit, plutôt ils difparoiffent, & dans une fphère d'une ligne & demie, ils ceffent d'être vifibles à la diftance de 40 pieds, même pour un fpectateur placé en lieu obfcur. A cette diftance s'évanouiffent donc, par la difperfion totale de leurs rayons, & Iris & zones blanches radieufes.

Jaloux de porter la démonftration au plus

haut point d'évidence, j'ai imaginé une expérience dont les résultats ne laissent rien à desirer.

Exp. 16.   *Ayant fait souffler cinq cents bulles de verre très-mince, de deux lignes en diamètre chacune, & toutes bien sphériques, je les remplis d'eau distillée, & je mastiquai leurs tubes à une bande de baleine très-flexible, dont les deux bouts étoient vissés sur une zone de bois, montée à colonne, & ayant un mouvement de genouil. J'exposai sur une terrasse cette zone aux rayons du soleil. Enfin je me plaçai dans une petite chambre obscure mobile, à telle distance que les arcs formés par les bulles avoient lès dimensions que Newton a fixées à l'Iris interne (I), c'est-à-dire que les rayons incidens & les rayons émergens formoient à l'œil des angles de 41 à 42° : mais je ne vis point paroître d'Iris. Puis m'étant placé à telle distance que ces rayons formoient des angles de 15 à 17°, je variai l'inclinaison de l'œil, & dans certaines positions,*

———————————————

(I) Dans un cercle de 3 pieds de rayon,

10° ont une corde de   72 lignes.

2°-15'. largeur corrigée de l'arc interne,
ont une corde de   16 $\frac{6}{40}$.

3°-40'. largeur corrigée de l'arc externe,
ont une corde de   28 $\frac{12}{40}$.

Et 8°-25'. intervalle corrigé de ces Iris,
ont une corde de   64 $\frac{34}{40}$.

je vis paroître au lieu d'arc-en-ciel, des points jaunes & rouges épars cà & là.

Ces points devinrent toujours plus petits à mesure que je m'éloignai, & à la diſtance de 40 à 41 pieds, ces points eux-mêmes diſparurent totalement.

Encore un mot ſur cet article.

Perſuadé que le mouvement rapide des goutes de pluie ne peut qu'influer beaucoup ſur les phénomènes, je fis tous mes efforts, un jour qu'il pleuvoit abondamment tandis que le ſoleil luiſoit, pour appercevoir quelque trait ſolaire réfléchi par ces goutes : mais quoique j'euſſe pris toutes les précautions poſſibles pour aſſurer le ſuccès de l'obſervation, je ne pus jamais parvenir à diſtinguer le moindre rayonnement.

Il eſt donc bien démontré que le travail de Newton ſur l'arc-en-ciel eſt purement hypothétique. Ainſi, malgré que ces hypothèſes paroiſſent d'abord quadrer avec quelques circonſtances du phénomène, elles ne rendent raiſon ni des intervalles, ni de la poſition, ni de l'étendue, ni de la forme, ni des couleurs de l'arc-en-ciel, pas même des heures où il paroît, pas même du lieu où il eſt vu. D'ailleurs mille obſervations conſtantes les infirment, mille faits déciſifs les démentent, & par une double inconféquence , elles ne s'accordent pas même avec les principes de l'Auteur (1).

Concluons que *les rayons hétérogènes , fuppofés émergens du nombre prodigieux de goutes de pluie qui tombent de la nue , ne fauroient former d'Iris féparées.*

C'en eft affez fur les détails de cette doctrine , fi féduifante au premier coup d'œil : nous avons détruit l'édifice par parties , renverfons-en les fondemens.

—————————————————————

(1) J'ai fait voir que les dimenfions des Iris ne fuivent aucunement les prétendus rapports de réfrangibilité.

SECONDE PARTIE.

« *L'Explication de l'Arc-en-Ciel donnée*
» *par Newton, porte-t-elle fur des prin-*
» *cipes inconteftables ?* »

ELLE porte fur le *fyftême de la différente
réfrangibilité*, & elle fuppofe *le fyftême des accès
de facile réflexion & de facile tranfmiffion.* L'un
& l'autre paroiffent établis fur des expériences
inconteftables; mais le premier ne fe foutient
pas à l'examen, le dernier ne fatisfait pas l'efprit, & tous deux font également faux. En fefant paffer fous vos yeux les preuves non moins
évidentes que nombreufes de cette affertion,
je me bornerai, Meffieurs, à des faits fimples,
conftans, décififs, fuivant le vœu de votre
Société.

Examen du *fyftême* de la différente réfran- gibilité.

Avant de difcuter ce point capital, où tant
de Phyficiens & de Géomètres fameux fe font
égarés fur les traces de Newton, je m'arrête-

rois, Meſſieurs, à développer les lois de Dioptrique qui doivent ſervir de baſe à mon examen, ſi elles vous étoient moins familières : j'entre donc en matière ſans aucun préambule.

Les expériences ſur leſquelles Newton établit l'hypothèſe de la différente réfrangibilité, à la IIᵉ près, ſont toutes d'induction : car il ne donna en preuve les phénomènes qu'elles préſentent, que parce qu'il ne put les expliquer par aucune autre hypothèſe. Cette expérience fut faite à la foible lumière d'une chandelle ;

Exp. 17. mais *en la répétant à la clarté du ſoleil, on trouve ſes réſultats diametralement oppoſés à ceux que l'Auteur annonce.* Un fait de cette nature ſuffiroit pour renverſer le ſyſtême dont l'examen nous occupe, & je m'y bornerois avec confiance, s'il ne m'en reſtoit un grand nombre d'autres, non moins déciſifs, & beaucoup plus ſaillants.

Les expériences dont ce ſyſtême eſt étayé ſont preſque toutes déduites de la IIIᵉ ; & cette expérience eſt complettement illuſoire, puiſqu'il eſt inconteſtable que les rayons ſolaires ſont déjà décompoſés avant d'être tranſmis au priſme : ſi les hétérogènes paroiſſent différemment réfractés à leur émergence de la dernière furface, c'eft qu'ils n'ont pas tous la même direction à leur incidence fur la première : mais il faut ici une démonftration complette. On fent bien qu'il importe avant tout de rapporter en fubftance le texte de cette expérience fondamentale : faifons donc parler l'Auteur.

« Ayant introduit un faifceau de rayons folaires dans une chambre fort obfcure par un trou rond de quatre lignes, percé au volet de croifée, je le fis paffer à travers un prifme de verre pur, de manière que la réfraction les projetoit fur le mur au fond de la chambre, où ils traçoient une image colorée du Soleil. En tournant de part & d'autre, mais lentement, le prifme fur fon axe qui étoit perpendiculaire aux rayons, je voyois l'image monter & defcendre. Lorfqu'elle parut ftationnaire entre ces deux mouvemens oppofés, je fixai le prifme ; car alors les réfractions des rayons aux deux côtés de l'angle réfringent étoient égales entr'elles : enfuite je reçus cette image fur une feuille de papier blanc perpendiculaire aux rayons ; puis j'obfervai fes dimenfions & fa figure. Oblongue fans être ovale, elle étoit terminée affez nettement par deux côtés rectilignes & parallèles, mais confufément par deux bouts femi-circulaires, où la lumière s'affoibliffant peu-à-peu, s'évanouiſſoit enfin tout-à-fait. La largeur de l'image colorée répondoit à celle du diſque ſolaire ; car à 18 pieds ⅟₇ du volet elle ſoutendoit au priſme un angle d'environ demi-degré, qui eſt le diamètre apparent du Soleil. Mais ſa longueur étoit d'environ 10 pouces ⅟₄, & celle des côtés rectilignes, d'environ 8 pouces, lorſque l'angle réfringent avoit 64 degrés : car lorſque cet angle étoit plus petit, la longueur de l'image étoit auſſi plus petite, ſa largeur demeurant la même. Comme les rayons émergeoient du verre en ligne droite, ils avoient tous l'inclinaiſon réciproque qui donnoit la longueur de l'image, c'eſt-à-dire, une inclinaiſon de plus de 2 degrés & ⅟₂. Suivant les lois connues de la Dioptrique, il n'étoit pourtant pas poſſible qu'ils fuſſent ſi fort

Fig. 3.

P. M.

inclinés l'un à l'autre. Car ſoient E G le volet; F le trou qui donne paſſage au faiſceau de rayons ; A B C le priſme vu par un de ſes bouts ; X Y le Soleil ; M N le papier blanc ſur lequel eſt projetée l'image ſolaire P T, dont les côtés parallèles *v* & *w* ſont rectilignes, & les extrémités P & T ſemi-circulaires. Soient auſſi Y K H P, & X L J T, deux rayons dont le premier, allant de la partie inférieure du Soleil à la partie ſupérieure de l'image, eſt réfracté par le priſme en K & H; & le dernier allant de la partie ſupérieure du

Soleil à la partie inférieure de l'image, eſt réfracté en L & J. Cela poſé, il eſt clair que
la réfraction en K étant égale à la réfraction
en J, & que la réfraction en L étant égale à
la réfraction en H; les réfractions totales des
rayons incidens en K & L, ſont égales aux réfractions totales des rayons émergens en H
& J : d'où il ſuit, (en ajoutant choſes égales
à choſes égales) que les réfractions en K & H,
priſes enſemble, ſont égales aux réfractions
en J & L, priſes enſemble : par conſéquent,
les deux rayons ſuppoſés également réfractés ,
devroient conſerver , après leur émergence,
l'inclinaiſon qu'ils avoient avant leur incidence,
c'eſt-à-dire , l'inclinaiſon d'un demi-degré, diamètre apparent du Soleil ».

« La longueur de l'image ſoutendroit donc
au priſme un angle d'un demi-degré, elle ſeroit
donc égale à la largeur v, w ; ainſi l'image P w T v
ſeroit ronde : ce qui arriveroit infailliblement,
ſi les deux rayons Y L J T & Y K H P, & tous
les autres qui concourent à la former étoient
également réfrangibles. Mais puiſqu'elle eſt environ cinq fois plus longue que large , les rayons
portés par la réfraction à ſon extrémité ſupérieure P, doivent être plus réfrangibles que
les rayons portés à ſon extrémité inférieure T,
ſi toutefois leur inégalité de réfraction n'eſt

pas accidentelle. Or, l'image P T étant rouge à
fon extrémité fupérieure ; violette à fon extrémité inférieure ; & jaune, verte, bleue dans
l'efpace intermédiaire ; il fuit de-là néceffairement
que les rayons qui diffèrent en couleur, diffèrent auffi en réfrangibilité ».

Voici donc en peu de mots à quoi fe réduit
cette démonftration fpécieufe.

Tout faifceau de rayons folaires réfraétés par
un prifme forme l'image colorée que l'on nomme
fpeétre. Quoique leurs réfraétions aux furfaces
réfringentes foient égales, cette image eft plus
ou moins allóngée, fuivant que ces furfaces font
plus ou moins inclinées entr'elles : mais quelles
que foient fes dimenfions, toujours fes couleurs
occupent différens efpaces. De l'impoffibilité apparente que Newton trouvoit à ramener la longueur du fpeétre ftationnaire aux lois connues
de la Dioptrique, il conclut l'inégale réfrangibilité des rayons hétérogènes : il leur avoit fuppofé le même angle d'incidence, le moyen que
fans être plus ou moins réfrangibles, ils puffent
fe réfraéter plus ou moins les uns que les autres !
Rien de plus jufte que cette induétion, fi
elle découloit de principes bien établis ; mais elle
eft tirée de deux hypothèfes également fauffes :

les rayons qui forment le fpectre n'ayant pas
tous à leur incidence fur le prifme les mêmes
directions, & les rayons qui en forment les teintes
étant tous décompofés avant leur incidence. La
preuve eft fans replique, car les rayons folaires
fe dévient & fe décompofent néceffairement au
bord du trou deftiné à les introduire dans la
chambre obfcure, comme ils fe dévient & fe
décompofent conftamment à la circonférence de
tous les corps : vérité inconteftable que Newton
n'ignoroit pas, lui qui avoit confacré un livre
entier de fon Optique à l'analyfe de l'expérience
de Grimaldi ; toutefois il ne la fit entrer pour rien
dans l'explication du fpectre : ainfi fa démonftration ne renfermant pas tous les élémens effen-
tiels, eft néceffairement manquée.

Mais pour mieux fentir ce qu'elle a de dé-
fectueux, comparons les phénomènes qu'offrent
les rayons folaires réfractés par le prifme, aux
phénomènes qu'ils offriroient s'ils étoient différemment réfrangibles : parallèle qui va nous
fournir contre l'Auteur une foule d'obfervations
auffi neuves que frappantes.

Oui, Meffieurs, c'eft en vain que ce fublime
Géomètre s'efforce de ramener les phénomènes
du fpectre à la différente réfrangibilité des rayons
hétérogènes. Ici j'entends les partifans de la doctrine que je réfute crier au paradoxe. Quelle

apparence, objectent-ils, que Newton se soit fait illusion à lui-même toute la vie, & quelle apparence qu'il en ait imposé à l'Europe savante pendant un siècle entier ! —— Rien de plus constant néanmoins : l'imputation paroîtra sans doute étrange, mais elle va être justifiée par des preuves irrésistibles. Daignez les peser avec cette impartialité scrupuleuse qui caractérise les vrais scrutateurs de la Nature, les amis de la vérité.

Newton enseigne que le spectre est formé d'images solaires différemment colorées, & égales en nombre aux différentes espèces de rayons qu'il suppose composer la lumière immédiate du soleil (1). Il prétend que ces images, toutes de même diamètre, s'y trouvent superposées de manière à empiéter plus ou moins les unes sur les autres ; mais que leurs teintes ne sont bien développées qu'autant que les réfractions de leurs rayons aux surfaces réfringentes sont égales. Enfin il veut que la longueur du spectre stationnaire, formé d'un faisceau de rayons transmis par un prisme (sans défauts) de 64 degrés, & projetés à 20 pieds de distance, excède

_____

(1) Voyez la Ve Expérience de la première Partie de son Optique.

au moins cinq fois la largeur, toujours cor-
refpondante au diamètre apparent du foleil :
voilà d'ingénieufes conjectures, mais ces conjectures ingénieufes l'obfervation les dément.

Ne touchons point à l'appareil, & obfervons
d'abord que le prifme étant fixé dans la pofition
recommandée, la longueur du fpectre varie beaucoup à mefure que le plan où il eft projeté fe
trouve plus ou moins incliné à l'axe des rayons
émergens. Il fuit delà bien évidemment que fi
le fpectre ftationnaire, projeté à 18 pieds & $\frac{1}{2}$ de
diftance fur un plan perpendiculaire à l'horifon,
eft à peu près cinq fois plus long que large ;
ce n'eft pas comme notre Auteur l'établit, que
les rayons hétérogènes foient bien féparés ; c'eft
que les rayons déviés & décompofés aux bords
du trou fait au volet pour leur livrer paffage,
tombent fur ce plan fous une grande obliquité.
On voit par-là ce qu'il faut penfer des dimenfions affignées à la prétendue image colorée
du foleil.

Une condition que l'Auteur fuppofe effencielle à la réuffite de l'expérience, c'eft QUE LES
RÉFRACTIONS AUX SURFACES RÉFRINGENTES
SOIENT ÉGALES. *Mais tandis que le fpectre eft* Exp. 18.
ftationnaire, fi on préfente contre le prifme une
bandelette de papier très-mince, de manière que

P.

tangente au bord supérieur de la dernière surface, elle soit perpendiculaire à l'horison ; les rayons émergens formeront un champ ellyptique dont le grand diamètre sera horisontal ; & ce champ se trouvera presque tout couvert de larges croissans colorés. Ainsi loin que les réfractions totales des rayons du spectre soient égales , celles des rayons des croissans supérieurs & inférieurs sont telles qu'ils convergent réciproquement entr'eux. Conséquences dont on ne peut révoquer en doute

Exp. 19. la vérité ; *puisqu'il suffit d'incliner davantage la première surface aux rayons incidens pour que le champ devienne circulaire , & ne soit plus circonscrit que de très-petits croissans colorés , quoique le plan où l'image se peint reste dans la même position.*

Exp. 20. *Ces rayons sont-ils projetés à vingt pouces du prisme ? Le champ continue d'être circulaire, & simplement circonscrit de croissans colorés ; au lieu que dans l'inclinaison recommandée par Newton, il offre à deux pouces du prisme un spectre tout formé.*

Exp. 21. *Que si la bandelette, éloignée de quelques lignes, est parallèle à la dernière surface réfringente ; les rayons émergens formeront un spectre, dont la longueur excédera au moins douze fois la largeur.* Ainsi ces rayons s'entre-mêlent sur le plan qui les reçoit ; & les teintes de l'image colorée viennent de leur mélange , non de leur féparation.

Redonnons aux furfaces réfringentes l'inclinaifon la plus propre à rendre circulaire le champ des rayons qui émergent ; & d'après le fyftême de l'Auteur, voyons dans quel ordre les couleurs du fpectre devroient fe développer. Tandis que le prifme eft dans cette pofition, les prétendues images colorées du foleil coïncident : ainfi réunies , elles devroient en former une parfaitement acolore ; cependant , fi on applique une bandelette de papier très-fin à la dernière furface réfringente , le champ de lumière fera circonfcrit de filets colorés.

Puifque ce champ eft fuppofé conferver fa blancheur auffi long-temps que les prétendues images colorées du foleil coïncident avec exactitude, il ne doit paroître coloré , que lorfque ces images fe dégagent. Or leurs rayons refpectifs ne commençant à fe féparer qu'au feul côté du champ vers lequel porte la réfraction ; en les projetant fur un plan perpendiculaire à l'axe de leur faifceau , aucune teinte ne devroit s'appercevoir, fi ce n'eft un petit croiffant violet à l'une des extrémités du champ : toutefois on remarque , d'un côté, un croiffant bleu circonfcrit d'un violet ; de l'autre côté, un croiffant jaune circonfcrit d'un rouge.

Newton enfeigne qu'à mefure qu'on éloigne

du prifme le plan où les rayons font projetés :
les prétendues images colorées du foleil fe dégagent les unes des autres fous la forme de
croiffans. Ainfi, tant qu'elles coïncident, le croiffant violet à l'extrémité fupérieure du champ
pourroit feul paroître de la couleur des rayons
qui le forment : car ces rayons étant les plus
réfrangibles de tous, feroient les feuls encore
complettement féparés. A l'égard des croiffans intermédiaires, comme plufieurs efpèces de rayons
s'y trouvent confondues , on les verroit fous des
teintes étrangères : teintes d'autant plus foibles &
plus indécifes, qu'elles s'éloigneroient moins de la
dernière image ; puifqu'elles réfulteroient du mélange d'un plus grand nombre de rayons différens.

Enfin, le croiffant rouge ne paroîtroit fous fa
vraie couleur que lorfque les deux dernières
images cefferoient de coïncider exactement, fes
rayons étant les moins réfrangibles de tous.

Aucun des croiffans placés entre les extrêmes,
ne pourroit donc être vu fous fa vraie couleur,
que les prétendues images colorées du foleil ne
fuffent totalement féparées ; & alors ces croiffans dégagés de plus en plus les uns des autres,
deviendroient circulaires eux-mêmes.

Ces conféquences découlent néceffairement
des différens degrés de réfrangibilité attribués
aux rayons hétérogènes : mais l'expérience les

dément; car quoique le champ de lumière n'ait presque rien perdu de sa rondeur, il n'en est pas moins circonscrit de croissans dont toutes les couleurs sont décidées, nettes, brillantes.

A mesure qu'il s'allonge, c'est-à-dire à mesure que quelque image cesseroit de coïncider, ces couleurs perdent toujours de leur éclat : d'où il suit qu'elles ne seroient jamais plus brillantes que lorsque leurs rayons respectifs se trouveroient le plus confondus.

Comme les croissans rouge & violet paroissent toujours au même instant & de même étendue, les rayons orangés, jaunes, verts, bleus & indigos, ne seroient pas moins séparés des rouges que les violets eux-mêmes; car le champ de lumière est à peine allongé de l'étendue du croissant rouge : ainsi les images orangées, jaunes, vertes, bleues & indigos tomberoient alors sur les violettes; comment donc le croissant violet seroit-il apparent? D'une autre part, les rayons indigos, bleus, verts, jaunes & orangés, ne seroient pas plus séparés des violets que les rouges eux-mêmes; car le champ de lumière est à peine allongé de l'étendue du croissant violet : ainsi les images indigos, bleues, vertes, jaunes & orangées tomberoient alors sur la rouge; comment donc le croissant rouge seroit-il apparent ?

P 3

Vous êtes fans doute frappés de ces inconféquences ; mais, Meffieurs, il en eft d'autres plus
frappantes encore.

A quelques lignes du prifme où fe trouve le
plan, lorfque les croiffans rouge, jaune, bleu
& violet commencent à paroître ; le champ de
lumière n'a prefque rien perdu de fa rondeur :
néanmoins il devroit être extrêmement allongé ?
— Pourquoi cela ? — Parce que les rayons qui
forment les prétendues images colorées du foleil, dont ces croiffans font fuppofés faire partie,
émergent du prifme en s'éloignant les uns des
autres proportionnellement à leurs degrés refpectifs de réfrangibilité. Or, puifqu'aucune teinte
du fpectre n'eft pure qu'autant que fes rayons
fe trouvent bien féparés des autres ; le croiffant jaune ne devroit commencer à paroître fous
fa vraie couleur, qu'après que toutes les images
violettes, toutes les images indigos, toutes les
images bleues, toutes les images vertes feroient
parfaitement féparées. En bornant à mille le
nombre réputé infini des nuances de chaque
couleur principale ; le champ de lumière auroit
donc alors en longueur près de quatre mille fois
fon diamètre.

Il y a mieux. On a vu que, felon Newton,

le fpectre eft formé d'images folaires , égales
en diamètre & différentes en couleur , fuperpofées de façon à empiéter plus ou moins les
unes fur les autres. Mais qu'on examine le champ
des rayons folaires projetés fur un plan à quelques lignes du prifme , le haut paroîtra immédiatement circonfcrit d'un croiffant bleu contigu
à un violet ; le bas , d'un croiffant jaune contigu à un rouge ; & comme ce champ n'a prefque rien perdu de fa rondeur , le croiffant jaune
coïncide alors avec l'image rouge , & le croiffant bleu avec l'image violette : or leurs rayons
refpectifs fe trouvant tous confondus, le premier devroit être orangé , le dernier indigo.
Comment donc ces rayons ne donnent-ils pas
les teintes qui doivent réfulter de leur mélange ?
L'Auteur eft donc ici fingulièrement en défaut.

Qu'on éloigne un peu du prifme le plan où les   **Exp. 23.**
*rayons font projetés , les croiffans violet, bleu,
jaune & rouge s'étendront infenfiblement : du mélange des fupérieurs réfultera un croiffant indigo,
& du mélange des inférieurs un croiffant orangé :*
mais celui-ci ne devroit pas réfulter d'un mélange du jaune & du rouge, ni celui-là d'un mélange du bleu & du violet; puifque leurs rayons
font réputés également primitifs. L'Auteur eft
donc ici encore fingulièrement en défaut.

Exp. 24.   *Qu'on éloigne un peu plus le plan ; les croif-*
fans bleu & jaune s'étendront par degrés, ils
deviendront contigus, & feront difparoître la blan-
cheur de l'efpace intermédiaire : or comment
auroient-ils des teintes pures au milieu du
champ, tandis que leurs rayons refpectifs feroient encore confondus avec ceux de toutes
les autres teintes du fpectre ; car à ce point
le champ de lumière ceffe à peine d'être circulaire ? L'Auteur eft donc de même ici fingulièrement en défaut.

Exp. 25.   *Qu'on éloigne davantage le plan, les rayons*
des croiffans bleu & jaune fe mêleront, & de leur
mélange réfultera une teinte verte : or dès que cette
teinte réfulte du mélange de ces croiffans, les
rayons verts ne font pas primitifs, comme on
le fuppofe. L'Auteur eft donc toujours ici fingulièrement en défaut.

Exp. 26.   *En continuant d'éloigner le plan, le fpectre fe*
développe peu-à-peu ; mais fes teintes deviennent
toujours moins nettes, moins brillantes : elles ne
feroient donc jamais moins pures, que lorfque
leurs rayons refpectifs feroient le mieux féparés !

    Ainfi ce que notre illuftre Auteur dit de la
formation du fpectre eft oppofé aux phénomènes, foit à l'égard des couleurs fous lefquèlles
paroîtroient les prétendues images colorées du foleil, foit à l'égard de l'ordre qu'elles obferveroient

en se développant, soit à l'égard de l'inftant où elles se manifefteroient. Son fyftême eft donc éternellement démenti par l'expérience.

Pourfuivons. Dans ce fyftême les rayons fo-laires qui émergent du prifme, encore tous con-fondus, devroient former un champ parfaitement circulaire & parfaitement acolore. Si les bords en devenoient irifés, ce ne feroit que lorfqu'ils ne fe trouveroient plus illuminés par tous les rayons hétérogènes à la fois : mais les couleurs du fpectre ne pourroient paroître avec netteté, qu'après que les prétendues images colorées du fo-leil feroient bien féparées, c'eft-à-dire lorfque la longueur du champ feroit prodigieufe ; au lieu que ces couleurs font très-brillantes avant qu'elle ait un diamètre & demi. Phénomènes diamétra-lement oppofés aux principes de l'Auteur.

Ce n'eft pas tout. Il eft conftant que la lon-gueur du fpectre dépend de l'inclinaifon des furfaces réfringentes. *Eft-il ftationnaire & par-* Exp. 27.
faitement développé? fi on incline la première fur-
face aux rayons incidens, jufqu'à ce qu'il y ait
égalité entre les réfractions totales ; peu à peu il
s'accourcira au point de devenir circulaire : cepen-
dant fes teintes n'en feront que plus vives & plus
pures. L'inclinaifon vient-elle à augmenter? le
fpectre s'accourcit de plus en plus, & fa longueur

*devient moindre que sa largeur : mais ses teintes
acquièrent encore plus d'éclat.* Phénomène si opposé aux principes de l'Auteur, qu'il suffiroit
seul pour les renverser.

Il est donc hors de doute que le spectre
n'est pas formé d'une infinité d'images solaires,
égales en diamètre & différentes en couleur,
superposées de façon à empiéter plus ou moins
les unes sur les autres : la lumière immédiate
du soleil n'est donc pas composée d'une infinité
de rayons hétérogènes, & ces rayons ne sont
pas différemment réfrangibles.

Allons plus loin, & démontrons que les
rayons qui forment le spectre viennent du soleil
tous décomposés.

Exp. 28. *Lorsqu'on regarde le soleil à travers un prisme
fixé sur son support, & incliné de manière que
toutes les couleurs de l'image soient bien développées ; rien de si facile que de les intercepter séparément, au moyen d'une bandelette de papier
appliquée contre la première surface réfringente, ou
même interposée à quelque distance.* Mais comme
l'œil doit alors être armé d'un verre noir, afin
de n'être pas blessé par l'éclat éblouissant de
Exp. 29. l'astre, l'expérience se fait beaucoup mieux *en
regardant la pleine lune.*

Puis donc que chaque espèce des rayons hétérogènes qui forment le fpectre peut être intercceptée avant fon incidence fur le prifme, il eft évident que la lumière y tombe toute décompofée : le prifme n'a donc aucune part à fa décompofition. Ainfi les phénomènes allégués en preuve du fyftême de la différente réfrangibilité font tous illufoires, & ce fyftême eft lui-même deftitué de tout fondement.

Examen du fyftême des accès de facile réflexion & de facile tranfmiffion.

Il importe avant tout d'en donner une idée nette & précife, en raffemblant les divers fragmens où il eft contenu ; ce qui n'eft pas chofe facile.

Newton débute par pofer en fait que tous les corps tranfparens, acolores & fort minces, tels que l'eau, le verre & l'air, réduits en bulles ou en lamelles, offrent différentes couleurs qui correfpondent à leur ténuité : puis il obferve qu'entre les furfaces courbes des verres comprimés paroiffent de même des couleurs autour d'une tache noire, placée aux points de contact (1).

Il penfe que cette tache eft caufée par la tranfmiffion de la lumière incidente, dont le

_____

(1) Nouvelle Trad. Iᵉ. Part. Liv. II, Vol. II, p. 1-7.

paſſage, à cet endroit, eſt auſſi libre qu'il ſe
ſeroit, ſi les verres ne formoient qu'une même
maſſe : & il fait réſulter ces couleurs de la lumière réfléchie par la lame d'air interpoſé (1).

Selon lui, ces couleurs paroiſſent autour de
la tache centrale, ſous la forme d'arcs concentriques, déliés & à-peu-près conchoïdaux ; dès
que les verres ſont aſſez inclinés pour que les
rayons incidens commencent à être réfléchis :
puis ces arcs s'étendent peu-à-peu juſqu'à devenir annulaires (2). D'abord rouges, jaunes,
verts, bleus & violets, ces anneaux forment
pluſieurs ſuites ſemblables d'Iris alternativement ſéparées par des anneaux noirs & des
anneaux blancs (3).

Lorſque l'inclinaiſon des verres eſt portée à
certain degré ; les anneaux colorés ſe rétréciſſent peu-à-peu, & de part & d'autre s'approchent du blanc juſqu'à s'y confondre : alors ils
ne paroiſſent que blancs ou noirs ; puis ils en
reſſortent colorés, formant pluſieurs ſuites dont
les couleurs diſpoſées en ordre inverſe (4),
ont d'autant moins d'intenſité qu'elles s'éloignent davantage de la tache centrale.

_____

(1) Obſervation 1e.
(2) Obſervation 2.
(3) *Ibidem.*
(4) *Ibidem.*

C'eſt à la lumière incidente, tour-à-tour réfléchie & tranſmiſe par la lame d'air intermédiaire, que l'Auteur attribue les anneaux alternativement blancs & noirs (1).

Quant aux différentes ſuites d'anneaux colorés, voici comment il eſſaie de les déduire
des épaiſſeurs de cette lame. Il meſure les diamètres des ſix premiers anneaux, & il établit
que leurs quarrés ſont dans la progreſſion arithmétique des nombres 1, 3, 5, 7, 9 & 11,
progreſſion qu'il ſuppoſe être celle des épaiſſeurs de la lame d'air, aux endroits où ils paroiſſent. Il meſure auſſi les diamètres des anneaux noirs qui ſéparent les anneaux colorés,
& il établit que leurs quarrés ſont dans la progreſſion arithmétique des nombres 2, 4, 6, 8,
10 & 12 (2). Cela fait, il détermine, par de ſa-
vans calculs, l'épaiſſeur de chaque partie de
cette lame d'air (3).

En regardant au travers des verres ſuperpoſés, on voit des anneaux colorés produits
par la lumière tranſmiſe, parfaitement ſemblables
à ceux qui ſont produits par la lumière réflé-

_____

(1) Obſervation 5.
(2) *Ibid.*
(3) Obſervations 6, 7, 8, 9, &c.

chie : à cela près que la tache noire eſt devenue blanche; & que dans les anneaux, le
blanc ſe trouve oppoſé au noir, le rouge au
bleu, le jaune au violet, le vert au pourpre.
De-là l'Auteur conclut que la lame d'air intermédiaire eſt diſpoſée en certains endroits à
réfléchir ou à tranſmettre tous les rayons hétérogènes indiſtinctement : de même qu'à réfléchir une eſpèce particulière de rayons au même
endroit où elle en tranſmet une autre eſpèce :
aptitude qu'il fait dépendre des différentes épaiſſeurs de cette lame (1). Ainſi la lame d'air
auroit, dans l'étendue des intervales 1 , 3 , 5 , 7,
9 , 11, l'épaiſſeur exacte, requiſe pour réfléchir
tous les rayons hétérogènes ; & dans l'étendue
des intervales 2 , 4 , 6 , 8 , 10 , 12 , l'épaiſſeur
exacte, requiſe pour tranſmettre tous ces rayons:
tandis que dans certaine partie des premiers
intervales elle auroit l'épaiſſeur exacte, requiſe
pour ne réfléchir que telle ou telle eſpèce des
rayons hétérogènes; & dans certaine partie des
derniers intervales l'épaiſſeur exacte, requiſe
pour ne tranſmettre que telle ou telle eſpèce
de ces rayons (2).

Mais comme il ne ſuffit pas, pour rendre rai-

_____

(1) Obſervation 15.
(2) Obſervation 17.

fon des phénomènes d'attribuer cette viciffitude de réflexion & de tranfmiffion à la fimple
épaiffeur des plaques , ou , fi l'on veut, à la diftance de leurs furfaces; l'Auteur a recours à
certaine action propagée de la première à la
feconde, de manière à avoir conftamment fes
retours & fes intermiffions à intervales égaux,
durant un nombre indéterminé de viciffitudes (1).

A l'égard de l'aptitude des rayons à être réfléchis ou tranfmis à telle ou telle épaiffeur, il
la fait dépendre d'une propriété effencielle de
la lumière (2). Selon lui, dès qu'un rayon traverfe la première furface d'un milieu réfringent
quelconque, il acquiert une *difpofition tranfitoire,*
qui revient à intervales égaux : à chaque retour,
il paffe à travers la feconde furface, & à chaque
intermiffion il en eft réfléchi (3).

Enfin Newton veut que les rayons incidens
produifent dans le milieu réfringent ou réfléchiffant, des vibrations femblables aux ondu-
lations que le jet d'une pierre excite dans l'eau ;
& prêtant à ces vibrations une vîteffe fupérieure
à celle de la lumière elle-même, il les fuppofe

---

(1) I Xᵉ Propof. de la I I Iᵉ Part. du Liv. I I. Nouv.
Trad. vol. 2 , pag. 97.
(2) *Ibid.*
(3) *Ibid.*

en état de l'atteindre. Ainsi, toutes les fois qu'un rayon se présente à l'instant où les vibrations s'accordent avec son mouvement, il est aisément transmis ; mais lorsqu'il se présente à l'instant où les vibrations s'opposent à son mouvement, il est aisément réfléchi. Chaque rayon se trouve donc disposé à être réfléchi ou transmis par la vibration qui l'atteint : or les retours de cette disposition, il les nomme *accès de facile réflexion & de facile transmission* (1).

Examinons maintenant cet étrange système.
Il ne faut pas beaucoup de sagacité pour s'appercevoir qu'il est sans exactitude dans l'exposition des phénomènes, & sans justesse dans leur explication. Quelques formules déduites d'une foule d'observations mal faites y sont érigées en principes. Par-tout le mouvement si régulier de la lumière y est assujeti à des lois capricieuses, par-tout on y a recours au merveilleux, & par-tout on y trouve inconséquences & contradictions. Mais ces imputations pourroient paroître hasardées, justifions-les par des preuves sans replique.
Il saute aux yeux que le *système des accès de*

_____

(1) *Ibid.*

facile

facile réflexion & de facile transmission porte entièrement sur une fausse hypothèse : car l'Auteur débute par suppoſer que les corps diaphanes, acolores & fort minces ; tels que l'eau, le verre, l'air, réduits en bulles ou en lamelles, offrent différentes couleurs qui correspondent à leur ténuité : quoiqu'il ſoit inconteſtable que l'eau & le verre blanc, bien purs, ſont toujours acolores, quelque minces que ſoient leurs couches.

Une fois parti de cette fauſſe hypothèſe pour établir comme vraie cauſe des couleurs que préſentent deux verres convexes ſuperpoſés, la lame d'air intermédiaire : il continue à la leur aſſigner, même après avoir reconnu qu'elle n'y a point de part (1) : puiſqu'on ne les apperçoit pas moins après que l'air a été remplacé par de l'eau, & puiſqu'elles ſont encore plus marquées dans le vide qu'en plein air.

Pour éclaircir les phénomènes, il paſſe de cette fauſſe obſervation à des obſervations inexactes.

A ſes yeux, les anneaux noirs étant toujours produits par la lumière tranſmiſe, & les anneaux blancs par la lumière réfléchie, il vit

(1) Obſervation 15.

Q

par-tout des anneaux clairs & obfcurs, quelle
que fût la couleur des rayons qui tomboient fur
les verres (1) : & il en inféra que les uns
& les autres dépendent de l'aptitude qu'a telle
ou telle partie de la lame d'air intermédiaire à
tranfmettre ou à réfléchir la lumière incidente :
aptitude qu'il attribue aux différentes épaiffeurs
de cette lame (2). Mais il ne faut qu'un coup-
d'œil pour reconnoître que les prétendus anneaux blancs font jaunâtres, & que les prétendus anneaux noirs font violets (3) ; les phénomènes ont donc été mal obfervés par l'Auteur. J'en dis autant de ceux des anneaux colorés.

Il y a plus. A les fuppofer tels qu'il les annonce, le principe auquel il les rapporte eft
inconcevable. En effet, comment concevoir
une lame tranfparente ayant à telle épaiffeur
la propriété de réfléchir tous les rayons ; à telle
autre épaiffeur, la propriété de les tranfmettre
tous ; & à telle autre épaiffeur, la propriété de

_____

(1) Obfervations 13 & 14.

(2) Obfervation 15.

(3) De l'aveu même de l'Auteur, ces anneaux qui
de loin femblent fi bien terminés, vus de près paroiffent confus ; on apperçoit même du violet aux bords de
chaque anneau blanc.

Nouvelle Traduction, vol. II, pag. 5.

ne tranſmettre ou de ne réfléchir que telle ou telle eſpèce de rayons : car quelle propriété peut avoir la ſimple diſtance des ſurfaces pour diſ-poſer cette laine à favoriſer le paſſage de la lumière ? La ſurpriſe augmente encore quand on fait attention que ces différentes épaiſſeurs ſont ſuppoſées en progreſſion arithmétique des nom-bres pairs & impairs.

Mais gliſſons ſur tant de merveilleux, & obſer-vons que ce principe ſi ſingulier ne rend raiſon de rien. Prétendre que la clarté, l'obſcurité & les couleurs des anneaux dépendent des diffé-rentes épaiſſeurs d'une mince lame d'air, c'eſt ſuppoſer un effet ſans cauſe, parce que dans un ſyſtême où la réflexion n'eſt pas produite par les parties impénétrables des corps, il faut une cauſe active pour favoriſer ou empécher le paſſage de la lumière.

D'ailleurs ce principe ſi ſingulier eſt purement hypothétique : diſons mieux, il eſt démenti par les faits les plus déciſifs ; puiſque les prétendus anneaux blancs & noirs, ou plutôt les anneaux colorés clairs & obſcurs ne ſont pas moins ap-parens, quoiqu'il n'y ait pas un ſeul rayon tranſmis : *comme on l'obſerve toujours en poſant* Exp. 31. *l'objectif ſur une plaque de verre noir, bien polie.* Dans ce cas les rayons incidens étant tous ré-fléchis devroient être acolores, & tous les anneaux

Q 2

devroient difparoître. Ce que l'Auteur dit des anneaux vus par réflexion & par tranfmiffion eft
donc purement fictif. Ici, Meffieurs, paroiffent
dans tout leur jour l'abus de la fcience & la
vanité des fpéculations mathématiques : car à
quoi ont abouti tant d'expériences ingénieufes,
tant de fines obfervations, tant de favans calculs, tant de profondes recherches, qu'à établir une doctrine erronée qu'un fimple fait
renverfe fans retour ? Et pourquoi ont été pro-
digués tant d'efforts de génie, tant de formules
bizarres, tant d'hypothèfes révoltantes, tant de
merveilleux, que pour mieux faire fentir l'em-
barras de l'Auteur?

On a vu quelle peine il a pris à établir les
différentes épaiffeurs de la lame d'air intermédiaire pour la vraie caufe des phénomènes. Mais
après avoir pofé un principe fi commode, il
femble l'abandonner tout-à-coup, en fefant dépendre de la fimple denfité d'une lame diaphane
quelconque, ce qui fait qu'elle a l'épaiffeur re-
quife pour produire certaine couleur (1). La
différente réfrangibilité & la différente réflexibilité des rayons hétérogènes une fois admifes,
il eft facile de fentir quel rapport les phéno-

_____

(1) Obfervation 21.

mènes peuvent avoir avec une lame de certaine
épaiffeur : or, fi l'épaiffeur de cette lame dois
être telle que les rayons réfractés à fa première
furface, le foient précifément de la quantité
néceffaire pour tomber fur une partie déterminée de la feconde furface, qui ne voit que
l'épaiffeur de la lame doit varier, comme fon
pouvoir réfringent, avec la denfité du milieu
qui l'environne ?

Cette inconféquence eft fuivie de beaucoup
d'autres, & l'Auteur lui - même femble bien
fentir l'infuffifance de fes principes. Après avoir
attribué aux corps minces & diaphanes la propriété de réfléchir & de tranfmettre fuivant leur
épaiffeur, telle & telle efpèce de rayons; il attribue à une propriété effencielle aux rayons
mêmes, leur difpofition à être réfléchis ou tranfmis à telle ou telle épaiffeur : affignant ainfi ,
fans s'en appercevoir, des caufes différentes
au même effet.

Ne pouvant s'arrêter à aucun point, & tournant fans ceffe dans un cercle vicieux, il fuppofe que tout rayon de lumière traverfant la
première furface d'un milieu réfringent quelconque, acquiert une difpofition tranfitoire
qui revient à intervales égaux; qu'à chaque
retour de cette difpofition, il eft tranfmis ; &
qu'à chaque intermiffion, il eft réfléchi : al-

ternative qu'il attribue à quelque action propagée d'une furface à l'autre, de manière à
avoir conftamment fes retours & fes intermiffions à intervales égaux, durant un nombre
indéterminé de viciffitudes. Cette action inconcevable, il la fait confifter dans des vibrations
produites par les rayons incidens, vibrations qui
auroient une vîteffe fupérieure à celle de la lumière elle-même : or, felon lui, toutes les fois
que les rayons tombent à l'inftant où la vibration s'accorde avec leur mouvement, ils font
tranfmis ; mais ils font réfléchis, à l'inftant où
la vibration eft oppofée à leur mouvement.

Arrêtons-nous encore ici à relever ces incon-
féquences.

Dans le fyftême de l'Auteur, les parties of-
cillantes elles-mêmes réfléchiffent le rayon, &
cette caufe eft purement mécanique : la caufe
de la réflexion ne feroit donc pas cette force
occulte répandue à la fuperficie des corps,
qu'il s'eft efforcé d'établir quelque part (1).

Mais les ofcillations du milieu réfléchiffant
ne fauroient atteindre les rayons, qu'elles n'aient
une vîteffe fupérieure, c'eft-à-dire une vîteffe
de plus de 80,000 lieues par feconde : mouve-

_____

(1) Nouvelle Traduction, vol. II, pag. 93 & 94.

ment inconcevable dans des corps prefque fans élafticité, tels que l'eau ; ou dont les parties adhèrent fortement les unes aux autres, tels que le verre.

D'ailleurs fuppofer ces ofcillations excitées dans les corps diaphanes par la fimple lumière du jour eft une hypothèfe infoutenable, qui répugne à la fois & aux principes les plus clairs de la mécanique, & aux notions les plus fimples du bon fens.

Je ne poufferai pas plus loin l'examen du *fyftème des accès de facile réflexion & de facile tranfmiffion :* ce feroit peine perdue, car lors même que tous les faits que je viens de lui oppofer me manqueroient, il n'en feroit pas moins erroné, établi comme il l'eft fur le *fyftème de la différente réfrangibilité :* or celui-ci une fois démontré faux, celui-là croule par fes fondemens.

CONCLUSION.

De l'examen approfondi dans lequel je fuis entré, il fuit que l'explication de l'arc-en-ciel donnée par Newton eft établie fur de faux principes, & démentie par une multitude de faits décififs.

La carrière que j'ai parcourue, Meffieurs,

eſt longue & ſcabreuſe : mais détournons les yeux de deſſus les difficultés que j'avois à ſurmonter, pour les fixer un inſtant ſur le but qu'il falloit atteindre. Les diverſes queſtions que renferme votre Programme portent toutes également ſur la différente réfrangibilité des rayons hétérogènes, point caractériſtique de la doctrine de Newton ; & il eſt conſtant que c'eſt pour n'avoir tenu aucun compte de la déviation & de la décompoſition de la lumière autour des corps, que ce grand homme fut réduit à expliquer les phénomènes par des hypothèſes haſardées. Ainſi, dès les premiers pas hors des ſentiers de la Nature, il ne fit plus qu'errer dans un ſombre dédale, à la foible lueur de quelques expériences compliquées, & de quelques formules géométriques : exemple trop fameux de l'abus des calculs dans les ſciences phyſico-mathématiques, & des erreurs ſans nombre qui en réſultent, lorſqu'on oublie le moindre phénomène, ou qu'on néglige d'analyſer les faits. Me ſera-t-il enfin permis de le dire ? Depuis un ſiècle les erreurs de Newton, conſacrées par l'Europe ſavante, enchaînent le génie, retardent la connoiſſance des merveilles de la viſion, s'oppoſent au perfectionnement de l'Optique, & arrêtent le progrès des arts & des ſciences qui en dépendent : car ç'eſt d'elle que l'Horlogerie, l'Anatomie, la Chimie, la Phyſique, l'Hiſtoire naturelle, l'Aſtronomie, reçoivent une partie des inſtrumens de leurs obſervations & de leurs découvertes.

Le règne de ces erreurs a duré long-temps, & trop long-temps ſans doute : mais graces aux réclamations d'un novateur de nos jours, vous avez remis en queſtion divers points importans de théorie, & les recherches auxquelles je me ſuis livré, pour ſeconder vos vues, n'ont pas été ſans ſuccès.

Souffrez, Meſſieurs, que je vous invite à jeter un coup d'œil ſur les routes nouvelles que je me ſuis ouvertes. Par une ſuite de faits tranchans, inconnus juſqu'à moi, j'ai démontré que le ſyſtême de la différente réfrangibilité des rayons hétérogènes eſt complettement faux. Eh, pourroit-on en douter encore, en voyant la lumière qui forme le ſpeƈre, venir du ſoleil toute décompoſée ? démonſtration dont l'évidence doit frapper tous les connoiſſeurs, & dont la force doit entraîner tous les eſprits.

Ce ſyſtême néanmoins tenoit aux principaux phénomènes de la viſion, & compliquoit étrangement la ſcience en la ſurchargeant d'expériences illuſoires, en l'hériſſant de calculs faſtidieux : la voilà débarraſſée de ce vain étalage, & ramenée à ſa ſimplicité naturelle; déſormais moins longue à apprendre, elle ſera auſſi plus aiſée à approfondir.

Mais quand cette découverte ne ſerviroit qu'à perfectionner les inſtrumens dioptriques, de quelle importance ne ſeroit-elle pas ? Ce ſont ces inſtrumens précieux qui ſoumettent à l'œil & les objets qui lui échapperoient par leur petiteſſe, & les objets que leur éloignement lui déroberoit : ce ſont eux qui remédient à la foibleſſe & aux défauts de la vue, qui nous font jouir encore des charmes de la lumière quand l'âge ou quelqu'accident ſemble nous en priver, & qui ſervent à perfectionner ces ſciences ſublimes, ces arts profonds, dont les progrès intéreſſent ſi fort la proſpérité des Etats, la gloire des Empires.

Si mon travail eſt jugé digne de vos ſuffrages, c'eſt à vous, Meſſieurs, que ſera dû l'honneur d'avoir accéléré une révolution frappante dans la plus ſublime des ſciences exactes; révolution glorieuſe pour la France, & avantageuſe à toutes les Nations.

MÉMOIRE

Sur les vraies causes des couleurs que présentent les lames de verre, les bulles d'eau de savon, & autres matières diaphanes extrémement minces.

Ouvrage qui a remporté le Prix de l'Académie des Sciences, Belles-Lettres & Arts de Rouen, le 2 Août 1786.

Nugæ feria ducent. *HORAT.* de Art. Poet.

MÉMOIRE.

PROGRAMME.

> *Les couleurs que préfentent les lames de verre,*
> *les bulles de favon, & autres matières dia-*
> *phanes extrêmement minces, fuppofent la*
> *doctrine de la différente réfrangibilité, &*
> *celle des accès de facile réflexion & de fa-*
> *cile tranfmiffion. La première de ces doc-*
> *trines ayant été remife en queftion, & la*
> *dernière ne fatisfefant point l'efprit,*
> *l'Académie propofe pour fujet du Prix*
> *de Phyfique,* DE DÉTERMINER LES
> VRAIES CAUSES DE CES COU-
> LEURS. *Mais elle prévient les Auteurs,*
> *qu'elle rejetera également toute hypothèfe,*
> *& qu'elle n'admettra en preuve de leurs af-*
> *fertions que des faits fimples & conftans.*

CE Programme eft du nombre de ceux qui
intéreffent infiniment par les matières dont ils

nécessitent la discussion, & l'Académie en a parfaitement saisi les grands rapports. Ainsi, avant de rechercher les causes réelles des couleurs que présentent les lames de verre, les bulles d'eau de savon, & les autres matières diaphanes très-minces, j'examinerai *la doctrine de la différente réfrangibilité*, & *celle des accès de facile réflexion & de facile transmission*, d'où Newton s'est efforcé de tirer la raison des phénomènes. De cet examen approfondi, nous verrons résulter plusieurs découvertes, qui feront époque dans l'histoire des Sciences, & qui ramèneront aux élémens l'Optique, que l'on croyoit toucher à son point de perfection.

PREMIÈRE PARTIE.

*Examen de la Doctrine de la différente ré-
frangibilité des rayons hétérogènes.*

JAMAIS doctrine ne fut étayée d'un plus
grand nombre d'expériences , & jamais expériences ne parurent plus décisives. J'ose
le dire cependant , elles ne font qu'illufoires ; & fi au premier coup-d'œil la Géométrie femble en confirmer les réfultats ; pour peu
qu'on examine avec foin les phénomènes , on les
trouve contraires aux principes qui en font dé-
duits (1). Loin de balancer à remettre en queftion un point d'Optique confacré par les fuffrages unanimes de l'Europe favante , j'entrepren-
drai donc d'en démontrer la fauffeté.

Peut-être fuffiroit-il d'analyfer les expériences
qui lui fervent de bafe , pour faire voir qu'elles

---

(1) Qu'on examine les croiffans colorés dont eft
circonfcrit le champ du faifceau qui émerge du prifme ;
on trouvera que leurs teintes ne font pas celles qui devroient réfulter du mélange des rayons hétérogènes , fi
le fpectre étoit réellement formé d'une multitude d'images folaires , différentes en couleur , & fuperpofées de
façon à empiéter plus ou moins les unes fur les autres.

ne tendent rien moins qu'à l'établir ; toutefois je
ne perdrai pas le temps à les préfenter fous leurs
différentes faces, à relever leurs nombreux défauts, & à développer les raifons qui les rendent
plus qu'équivoques : au lieu d'invalider cette
doctrine, j'en fapperai les fondemens. Mais il faut
avant tout pofer ici quelques lois de Dioptrique, qui ferviront de regle dans le jugement que
l'Académie doit porter.

Il eft hors de doute qu'en traverfant divers
milieux, aucun rayon de lumière ne fe réfracte
à leurs furfaces, à moins qu'il ne les traverfe
obliquement.

Lorfque chaque milieu eft terminé par des
furfaces parallèles, les rayons incidens & les
rayons émergens, fe réfractant au même point
& en fens contraires, confervent leurs directions
refpectives. Ainfi, dans le fyftême de la différente réfrangibilité, les rayons folaires tranfmis par ces milieux paroîtront ne s'être point
décompofés, & continueront de former un
champ acolore.

Un feul de ces milieux fe trouve-t-il terminé
par des furfaces inclinées ? —— Les rayons hétérogènes s'y réfractant plus ou moins les uns
que les autres, ceffent bientôt de former un
champ açolore.

Quelle

Quelle que foit la figure de ce milieu, ils commencent à paroître féparés, au côté du champ vers lequel porte la réfraction : les phénomènes doivent donc changer avec la figure des furfaces réfringentes , & la diftance du plan où les rayons font projetés.

Si ce milieu eft terminé par deux furfaces planes, & ce plan interpofé à très-petite diftance ; le feul côté du champ où porte la réfraction, paroîtra liféré d'une bande colorée très-étroite : fi le plan fe trouve à certaine diftance ; le champ paroîtra couvert de bandes différemment colorées : fi le plan fe trouve à diftance confidérable ; ces bandes feront efpacées par des intervalles obfcurs : effets naturels de l'écartement plus ou moins confidérable des rayons hétérogènes que la réfraction fait diverger. Au refte dans aucun de ces cas le champ de lumière ne confervera fa rondeur, & toujours il fera plus alongé à mefure que le plan fera plus diftant.

Elevées ou abaiffées par la réfraction, les bandes colorées paroîtront d'autant plus élevées, ou d'autant plus abaiffées que leurs rayons refpectifs font plus réfrangibles. Ainfi les différens degrés de réfrangibilité des rayons hétérogènes fe déterminent par les différens angles qui mefurent leurs réfractions.

R

A quelque diſtance que les rayons ſolaires réfraⴍés par un priſme ſoient projetés, leur champ ne peut donc être ni circulaire ni acolore ; conſéquences néceſſaires de leur différente réfrangibilité prétendue, diſons mieux, réſultats infaillibles des diverſes expériences faites pour l'établir.

On eſt d'abord tenté d'en conclure, comme l'a fait Newton, que le champ des rayons immédiats du ſoleil ne ceſſeroit jamais d'être circulaire & acolore, ſi les hétérogènes étoient tous également réfrangibles : mais ſans raiſon aſſurément, car il eſt inconteſtable que *la lumière ſe dévie & ſe décompoſe toujours en paſſant à certaine diſtance des corps* ; ce que notre profond Géomètre ne pouvoit ignorer, lui qui étoit entré dans de ſi longs détails ſur l'obſervation de Grimaldi (1). Les phénomènes produits dans ſa fameuſe Expérience (2) par les rayons déviés & décompoſés autour du ſoleil, & autour du trou deſtiné à tranſmettre au priſme le faiſceau ſolaire, doivent donc ſe combiner avec les phénomènes qu'il ſuppoſe produits par la différente réfrangibilité des rayons hétérogènes.

(1) Voyez le IIIᵉ Livre de ſon Traité d'Optique.
(2) La IIIᵉ Expérience de la Iᵉ Partie du Livre I.

C'eſt à l'analyſe à les ſéparer, & au raiſonne-
ment à les ramener chacun à leurs cauſes par-
ticulières. Le défaut de ſolidité de ſon hypothèſe ſera donc bien démontré, ſi je prouve
d'une part que LES RAYONS DE LUMIÈRE NE
SE DÉCOMPOSENT JAMAIS EN TRAVERSANT UN
PRISME OU TOUT AUTRE MILIEU A SURFACES
INCLINÉES; de l'autre part, que LES COULEURS
DONT LEUR CHAMP EST CIRCONSCRIT OU COU-
VERT VIENNENT UNIQUEMENT DE LA DÉCOM-
POSITION QUE SOUFFRENT LES RAYONS EN PAS-
SANT PRÈS DES CORPS. C'eſt ce que je vais faire
voir par des faits ſimples, directs, conſtans;
par des preuves irréſiſtibles & d'un genre nou-
veau.

En paſſant près d'un corps, les rayons de
lumière ſont attirés, & les hétérogènes ſe ſéparent néceſſairement en vertu de l'attraction
qu'il exerce avec plus d'énergie ſur les uns que
ſur les autres.

Attirés & décompoſés autour du ſoleil, ces
rayons forment une atmoſphère, diviſée en zones
concentriques, dont le nombre eſt proportionnel
à la force que l'aſtre déploie ſur eux.

Il en eſt de même des rayons ſolaires attirés
& décompoſés aux bords du trou qui les in-

troduit dans la chambre obſcure. La ſphère d'ac-
tivité de ces bords a certaine étendue : mais
quelle que ſoit leur force attractive, leur action eſt nulle au milieu du trou ; parce qu'elle
y eſt de toute part contrebalancée par elle-même;
par-tout ailleurs, elle eſt plus ou moins efficace.
Ainſi à l'exception des rayons qui paſſent près
de l'axe, tous les autres ſont décompoſés dans
le faiſceau deſtiné aux expériences priſmatiques.
Diviſés en couches concentriques, les uns ſe
replient ſur les bords du trou, & tombent dans
l'ombre ; les autres, moins déviés, s'entre-mêlent dans le faiſceau. Bientôt tous ces rayons,
ſéparés par les différentes réfractions qu'ils ſouf-
frent aux ſurfaces du priſme, à raiſon de leur
différente incidence, produiſent diverſes teintes
dont le champ de lumière eſt circonſcrit. —
Ces réfractions ſont-elles conſidérables ? — Ceux
des bords ſont jetés au milieu du champ. Lorſque le ſpectre eſt formé par un priſme de 60
à 64 degrés, il n'eſt donc pas poſſible de ſéparer les rayons décompoſés de la circonférence du
faiſceau, des rayons près de l'axe qui n'ont ſouffert aucune décompoſition ; quoiqu'on y par-
vienne ſans peine, lorſque le ſpectre eſt formé
par un priſme au-deſſous de 35 degrés.

Exp. I. *Qu'un faiſceau de rayons ſolaires introduit dans
la chambre obſcure, à travers un trou de 15 lignes*

de diamètre, soit donc transmis par un prisme de 15 degrés, incliné de manière que les réfractions aux surfaces réfringentes soient égales : ces rayons projetés à 28 pieds de distance sur un carton blanchi formeront un champ ovale, blanc au milieu, & circonscrit de croissans colorés.

Qu'à un pouce du prisme, les rayons de la partie acolore soient successivement transmis par un disque de papier noir percé d'un trou d'une ou deux lignes, ils formeront un champ beaucoup plus petit, & ce champ offrira les mêmes phénomènes que celui du faisceau entier.   Exp. 2.

Ici j'entends les Newtoniens objecter en souriant, à quoi bon cette expérience qu'à étayer le syſtême que je combats ? Mais un peu de patience encore, & bientôt elle nous donnera d'autres réſultats qui le renverſeront ſans retour.

Au carton blanchi ſubſtituez un grand (1) diaphragme de 15 lignes d'ouverture, qui intercepte les croiſſans colorés, interpoſez ce carton dix pieds plus loin, & projetez-y les rayons près de l'axe du faiſceau ; ils continueront à former un champ un peu oblong, blanc au milieu, & circonſcrit de croiſſans colorés moins étendus. Alors,   Exp. 3.

Exp. 4.

(1) Diſque de carton d'un pied en diamètre, & percé au milieu.

abaissant le diaphragme, supprimez les croissans
bleu, indigo & violet : vous aurez un champ ellyp-
tique dont le haut sera acolore & terminé par une
pénombre avec auréole, comme il le seroit aux rayons
immédiats du soleil ; tandis que le bas reste terminé
Exp. 5. *par les croissans jaune, orangé & rouge. Elevez*
ensuite le diaphragme : les croissans inférieurs étant
supprimés à leur tour, les phénomènes seront par-
faitement analogues.

Newton suppose les teintes du spectre produites par une suite innombrable d'images solaires, égales en diamètre & différentes en couleurs, superposées à la file suivant l'ordre de
la réfrangibilité de leurs rayons respectifs. Si
cela étoit, qui ne voit qu'en supprimant les croiffans à l'une ou à l'autre extrémité du champ
des rayons qui émergent du prisme, c'est-à-
dire, en supprimant la partie dégagée des images
solaires, leur partie restante se dégageroit bientôt dans l'intervale du prisme au plan où elle
est projetée : comment donc seroit-elle acolore ?

Après avoir supprimé les croissans bleu, indigo & violet ; le champ de lumière, ai-je dit,
est terminé au haut par une pénombre avec
auréole blanche ; au bas, par des croissans jaune,
Exp. 6. orangé & rouge. *Mais qu'à la distance d'un pied on*
le regarde à travers un prisme quelconque (le sommet

de l'angle réfringent tourné en bas) ; *il paroîtra
entièrement* (1) *jaune, circonscrit d'une zone orangée & d'une zone rouge.* Phénomène inconcevable
dans le syftême de la différente réfrangibilité :
car ici la lumière blanche donne les feules teintes
qui n'ont point été fupprimées. Or les teintes
fupérieures, quoique parfaitement femblables
aux inférieures, feroient pourtant formées de
rayons moins réfrangibles : puifqu'elles font
moins abaiffées par la réfraction. Il y a plus :
comme les rayons jaunes occupent le milieu du
champ ; les prétendues images colorées du foleil, fuppofées toutes de même diamètre, feroient néanmoins ellyptiques, & beaucoup plus
petites (2) les unes que les autres. D'ailleurs
en coupant le champ par une fection horifontale, les rayons jaunes fe trouveroient en même
temps plus réfrangibles & moins réfrangibles que
ceux de la zone orangée ; tandis que les rayons
de la zone orangée fe trouveroient de même plus
réfrangibles & moins réfrangibles que ceux de

---

(1) Ces expériences demandent un manipulateur
adroit ; car pour n'avoir aucun mélange d'autres couleurs, il faut que le bord du diaphragme, dont on fe
fert pour fupprimer les croiffans, coupe le champ par
le milieu, fans incliner d'aucun côté.

(2) Le diamètre de la zone rouge eft au moins deux
fois plus grand que le diamètre du champ jaune.

la zone rouge. Enfin en vertu de quelle loi de Dioptrique inconnue jufqu'ici , ces rayons hétérogènes réfractés par le prifme produiroient-ils des images concentriques ?

Exp. 7. *Si les croiffans jaune , orangé & rouge font pareillement fupprimés , les phénomènes feront analogues , & les conféquences femblables.*

Exp. 8. *Ce n'eft pas tout. Quand on ne laiffe paffer à la fois par l'ouverture du diaphragme que les rayons d'un feul croiffant coloré ; le champ de lumière eft entièrement de la couleur des rayons tranfmis. A ces rayons, homogènes en apparence, qu'on expofe les barbes d'une plume ou un fil de fer ; l'ombre projetée dans le champ paroîtra de part & d'autre bordée de plufieurs zones de la même couleur (1).*

Exp. 9. *Mais fi ces rayons font rendus divergens au moyen d'une lentille convexe interpofée à diftance convenable, avant ou après (2) le fil de fer ; les zones qui en bordent l'ombre feront de différentes couleurs.* Preuve inconteftable qu'en fe réfractant, les rayons hétérogènes qui produifent ces couleurs

---

(1) Ce n vient de ce que les différentes couches des rayons hétérogènes, déviés de part & d'autre , s'entremêlent de nouveau.

(2) C'eft par le même procédé qu'on parvient à décompofer chaque efpèce de rayons dépurés par la méthode Newtonienne ; procédé que j'ai indiqué dans le n°. du Journal de Littérature, des Sciences & des Arts , année 1781.

ne se font séparés ni aux surfaces du prisme, ni aux surfaces de la lentille. Ainsi, avec les rayons décomposés aux bords du trou, le diaphragme transmet des rayons qui n'ont souffert aucune décomposition; le champ n'est donc coloré que par l'excès des premiers sur les derniers: d'où il suit que dans la formation du spectre, les réfractions prismatiques portent dans le champ de lumière acolore les rayons déviés & décomposés autour du Soleil & autour du trou qui transmet le faisceau, &c.

Replaçons maintenant le diaphragme de manière **Exp. 10.** *à faire reparoître les croissans colorés, puis supprimons-les tous à la fois au moyen d'un troisième diaphragme de 6 lignes d'ouverture ; les rayons au milieu du faisceau, projetés perpendiculairement à leur axe, & à 20, 30, 40 pieds de distance sur le carton blanchi, formeront enfin un champ parfaitement circulaire & parfaitement acolore, mais environné d'une pénombre & d'une auréole ; comme il le seroit s'ils n'avoient souffert aucune réfraction prismatique.* Or si, en quelqu'endroit qu'on interpose un premier diaphragme de petite ouverture, le champ de lumière est constamment circonscrit de croissans colorés, & s'il reste constamment acolore (1), lorsqu'on

_____

(1) Ces phénomènes sont trop piquans pour ne pas rendre raison de leur différence.

sépare ces croiſſans au moyen de pluſieurs diaphragmes ; les teintes du champ ou du ſpectre

---

En projetant ſur un carton peu diſtant un gros faiſceau de rayons ſolaires émergens du priſme, on voit
leur champ circonſcrit d'une pénombre avec auréole &
de croiſſans colorés. A meſure qu'on éloigne le carton,
l'auréole & les croiſſans s'étendent juſqu'au milieu du
champ ; car les rayons venus des bords oppoſés du diſque ſolaire, de même que les rayons tangens aux bords
correſpondans du trou deſtiné à tranſmettre leur faiſceau, convergent entr'eux.

Comme la lumière eſt décompoſée en pluſieurs zones
au-delà des bords de la pénombre, comme les rayons
des différentes zones ſe croiſent au-delà du priſme
lorſque l'ouverture qui donne paſſage au faiſceau eſt
conſidérable, & comme ces rayons tombent ſucceſſivement au milieu du champ ; ceux qui ſe ſont déviés &
décompoſés autour du ſoleil, & autour du trou fait au
volet, ne peuvent être ſéparés de ceux qui viennent de
la ſurface même du ſoleil, & qui n'ont ſouffert aucune
décompoſition aux bords du trou, qu'autant qu'on interpoſe le diaphragme au-delà du point d'interſection
des rayons de la dernière couche. Auſſi faut-il toujours
l'interpoſer à certaine diſtance du priſme.

Les rayons des zones extrêmes viennent de deux
côtés de la circonférence du diſque ſolaire aux bords
oppoſés du trou qui les tranſmet au priſme : les rayons
des zones internes viennent des mêmes côtés de la circonférence du diſque ſolaire aux bords correſpondans
du trou : dans l'intervale ſe trouvent les rayons de
toutes les zones qui viennent des différens points de

viennent uniquement des rayons de la circonférence du faiſceau, c'eſt-à-dire des rayons qui
ſe ſont décompoſés autour du Soleil & autour
du trou qui les tranſmet au priſme.

Tranſmis au priſme par un trou d'épingle qu'à   Exp. II.

la ſurface de l'aſtre radieux. Ainſi des rayons venus de
la ſurface même de l'aſtre, ceux qui paſſent hors de la
ſphère d'attraction des bords du trou, ne peuvent paroître acolores qu'après que ceux des bords du diſque
ſolaire, tangens aux bords correſpondans du trou &
réfractés par le priſme, ont divergé. Il ſuit de-là, que
plus le trou qui tranſmet au priſme le faiſceau eſt petit,
plus il eſt facile de ſéparer avec un ſeul diaphragme les
rayons des croiſſans colorés de ceux du champ de lumière acolore. Conféquences que les faits juſtifient
complettement.

Le faiſceau n'ayant que 4 lignes en diamètre, le diaphragme interpoſé à 12 pieds les ſupprimera conſtamment, quelle que ſoit ſon ouverture, pourvu qu'elle ait
un peu moins d'étendue que l'aire de la partie acolore du
champ : ſi le faiſceau ſolaire n'a que 2 lignes, un diaphragme de 6 lignes d'ouverture, interpoſé à 6 pieds
du priſme, les ſupprimera conſtamment.

Si le faiſceau n'a qu'une ligne, le diaphragme interpoſé à 3 pieds, les ſupprimera tout auſſi-bien.

Si le faiſceau n'a qu'$\frac{1}{15}$ de ligne, le diaphragme
interpoſé à quelques pouces les ſupprimera mieux
encore.

l'aide d'un (1) diaphragme interposé à quelques
pouces on supprime les croissans colorés ; puis qu'à
20 pieds de distance, & perpendiculairement à leur
axe, on projete sur le carton blanchi ceux du milieu
du faisceau, ils formeront un champ parfaitement circulaire & parfaitement acolore, mais environné d'une
pénombre & d'une auréole, comme il le seroit s'ils
n'avoient souffert aucune réfraction prismatique.

Exp. 12.   Quelque inclinaison que l'on donne aux surfaces
réfringentes, les phénomènes ne changent point.

Exp. 13.   Ils ne changent point non plus, quoique les
réfractions deviennent beaucoup plus fortes ; pas
même lorsque le prisme a (2) 30 degrés d'ouverture ; pas même lorsqu'il a 60 degrés, pourvu toutefois qu'au moyen d'un verre convexe, les rayons
décomposés de la circonférence du faisceau soient
écartés des rayons près de l'axe qui n'ont souffert
aucune décomposition.

Exp. 14.   Or le champ une fois acolore, ne perd point sa
blancheur, quoiqu'on en fasse tomber obliquement
les rayons sur un carton blanchi plus ou moins
incliné ; comme fait le faisceau solaire (3)

---

(1) De trois lignes d'ouverture.

(2) A égale inclinaison de la première surface réfringente, le spectre formé par un pareil prisme a moitié de la longueur du spectre ordinaire.

(3) Voyez la I I Ie Exp. de la I Ie Part. du Liv. I.
Nouvelle Traduction, vol. I, pag. 115 & 116.

peu après fon émergence du prifme. Or, vu la foibleffe de fa lumière, on fent combien peu de rayons décompofés fuffiroient pour le colorer : car à l'inftant où quelques-uns de ceux de l'un des croiffans font tranfmis à travers le diaphragme, par une fuite du mouvement de l'image folaire ; ils y forment une teinte beaucoup plus vive que celle du croiffant même qui les fournit.

· Les teintes du fpectre réfultent donc uniquement du mélange des rayons déviés & décompofés autour du Soleil & autour du trou qui les tranfmet au prifme ; puifqu'un fimple diaphragme fuffit pour les féparer des autres rayons du faifceau qui n'ont fouffert aucune décompofition.

Mais voici de nouveaux faits qui portent cette vérité au dernier point d'évidence.

J'ai fait voir quelque part (1) que les iris d'un objet, vu au prifme, difparoiffent auffi-tôt que le prifme & l'objet font en contact. Pour faire difparoître les rayons déviés & décompofés autour du trou deftiné à les introduire

_____

(1) Voyez les phénomènes de la I Iᵉ claffe, fecond Mémoire.

On conçoit bien que cette note a été ajoutée depuis que ce Mémoire a été couronné. Je dois ajouter que tout cet article a été refondu.

dans la chambre obfcure, il fuffit d'appliquer
le prifme contre ce trou. Quant aux rayons
déviés & décompofés autour du Soleil, comme
ils partent de la circonférence de fon difque,
& comme ils tombent fur des points de la première furface réfringente, toujours d'autant plus
éloignés des points où tombent ceux qui viennent des bords de ce difque qu'ils fe prolongent plus au loin; il n'eft aucun moyen de les faire
difparoître, qu'en les interceptant après qu'ils
fe font croifés dans la chambre obfcure, puifqu'il eft impoffible de placer le prifme contre le
Soleil. Mais ce qui ne fauroit avoir lieu à l'égard
de cet aftre, peut aifément fe faire à l'égard
de tout objet lumineux dont on eft maître de

Exp. 15. régler la diftance. *Or, fi à un pouce de la flamme
d'une lampe à air déphlogiftiqué renfermée dans une
petite chambre noire, on place un gros prifme équiang-
gle, dont la première face foit couverte d'une lame
de plomb percée d'un trou de 4 lignes, & fi l'un des
côtés de la chambre noire eft percé de manière à
tranfmettre le faifceau de lumière directe, & à intercepter tout reflet ; ce faifceau projeté à 10 ou
12 pieds fur une feuille de papier blanc y formera
une grande image de la flamme, abfolument exempte
d'iris & bien terminée. Qu'alors on fubftitue à la
feuille de papier un diaphragme percé d'un trou rond
de 25 lignes, qu'on place le papier 10 pieds plus*

loin, & qu'on y projete les rayons du milieu de cette image ; ils formeront un champ aussi parfaitement circulaire, & aussi parfaitement acolore que s'ils n'avoient souffert aucune réfraction prismatique.

Après des faits de cette nature, le moyen de douter que la doctrine de la différente réfrangibilité soit destituée de tout fondement !

Examen de la doctrine des accès de facile transmission & de facile réflexion.

Commençons par l'exposer avec netteté, en l'appliquant aux phénomènes qui font l'objet du Programme de l'Académie.

« On a déjà observé, dit Newton, que les corps transparens acolores & très-minces (tels que l'eau, le verre, l'air) soufflés en bulles ou réduits en lamelles, produisent différentes couleurs correspondantes à leur ténuité. Mais entre les surfaces courbes des verres comprimés, il paroît de même des couleurs autour d'une tache noire qui occupe les points de contact (1) ».

_____

(1) Voyez la première Partie du Livre II de son Optique.

Notre profond Philosophe reconnut bientôt que cette tache est produite par la transmission de la lumière incidente, dont le passage à cet endroit n'est pas moins libre qu'il ne le seroit si les verres étoient réellement unis. Quant à la vraie cause de ces couleurs, elle lui échappa toujours, quoiqu'il crût fermement l'avoir découverte (1).

Dans son système, « ces couleurs deviennent visibles autour de la tache centrale, aussi-tôt que l'inclinaison des verres est assez grande pour que les rayons incidens commencent à être réfléchis ; & alors ils paroissent sous la forme d'arcs concentriques à-peu-près conchoïdaux. A mesure que l'inclinaison des verres augmente, ces arcs s'étendent jusqu'à devenir annulaires (2) ».

« Les anneaux qui paroissent d'abord sont rouges, jaunes, verts, bleus, violets ; ils forment plusieurs suites d'iris, alternativement séparées par des anneaux blancs & des anneaux noirs (3) ».

L'inclinaison des verres devient-elle plus considérable ? « Les anneaux colorés se rétrécissent peu-à-peu, & de part & d'autre s'appro-

---

(1) Observation 1°.
(2) Observation 2.
(3) Ibidem.

chent

chent du blanc jufqu'à s'y confondre : enfuite ils ne paroiffent que blancs & noirs : puis des blancs ils reffortent colorés, formant de même plufieurs fuites d'iris, dont les couleurs, toujours d'autant moins vives qu'elles s'éloignent davantage de la tache centrale (1), font difpofées en ordre inverfe ».

« Ces anneaux alternativement blancs & noirs, Newton les attribue à la lumière incidente, tour-à-tour réfléchie & tranfmife par la lame d'air intermédiaire (2) ».

« A l'égard des couleurs de chaque fuite qui fort des anneaux blancs, il les déduit des épaiffeurs de cette lame : on va voir de quelle manière ».

« Ayant mefuré les diamètres des fix premiers anneaux colorés, il prétend avoir trouvé leurs quarrés en progreffion arithmétique des nombres 1 , 3 , 5 , 7 , 9 , 11 , &c. progreffion qui eft celle des épaiffeurs de la lame d'air aux endroits où ils paroiffent. Puis ayant mefuré les diamètres des anneaux noirs qui féparoient les anneaux colorés, il prétend avoir trouvé leurs quarrés en progreffion arithmétique des nombres 2, 4, 6, 8, 10, 12, &c. (3) ».

_____

(1) Ibidem.
(2) Obfervation 5.
(3) Ibidem.

S

Enfuite il s'enfonce dans d'éternels calculs pour déterminer en parties de pouce l'épaiſſeur de la lame d'air (1).

Après quoi il obſerve « qu'en regardant à travers les verres en contact, on voit des anneaux colorés produits par la lumière tranſmiſe, comme on en voit de produits par la lumière réfléchie : mais alors la tache qui paroiſſoit noire devient blanche ; tandis que les anneaux qui paroiſſoient blancs deviennent rouges ».

Enfin comparant les anneaux produits par réflexion aux anneaux produits par tranſmiſſion, il trouva « le blanc oppoſé au noir, le rouge au blanc, le jaune au violet, & le vert au pourpre ».

De ces obſervations il infère « que la lame d'air intermédiaire eſt diſpoſée ſuivant ſon épaiſſeur à réfléchir ou à tranſmettre en certains endroits tous les rayons hétérogènes indiſtinctement ; de même qu'à réfléchir une eſpèce particulière de ces rayons au même endroit où elle en tranſmet une autre eſpèce (2). Ainſi dans l'étendue des intervales 1, 3, 5 ; 7 ; 9, 11, &c. la lame d'air a préciſément l'épaiſſeur requiſe pour réfléchir tous les rayons hétérogènes,

---

(1) Obſervations 6, 7, 8, 9, &c.
(2) Obſervation 15.

comme elle a dans l'étendue des intervales 2,
4, 6, 8, 10, 12, &c. précisément l'épaisseur
requise pour transmettre tous ces rayons. Tandis
que dans certaines parties des premiers intervales,
elle a précisément l'épaisseur requise pour ne
réfléchir que telle ou telle espèce de rayons
hétérogènes : comme elle a dans certaines parties des derniers précisément l'épaisseur requise
pour ne transmettre que telle ou telle espèce
de ces rayons ».

Il assigne les mêmes causes aux couleurs
qu'offrent les bulles d'eau de savon (1).

Mais si ces phénomènes, expliqués de la sorte,
ne sont réellement pas des effets sans cause,
jusqu'ici on n'en voit point encore la raison, &
c'est dans un autre endroit de son ouvrage
que l'Auteur entreprend de la développer.

Il observe donc que les anneaux colorés se
dilatent toujours, à mesure que l'inclinaison des
rayons à la lame d'air augmente : d'où il conclut
que les rayons réfractés par la première surface de cette lame tombent d'autant plus obliquement sur la seconde surface qui les réfléchit, qu'ils sont plus réfrangibles (2).

---

(1) Observation 17.
(2) Livre II, la fin de la IIe Partie.

S 2

Quant à la difposition des rayons à être réfléchis ou tranfmis à telle ou telle épaifleur,
il l'attribue à une propriété effencielle de la
lumière (1).

Il veut qu'en « traverfant la première furface
d'un milieu réfringent quelconque, tout rayon
acquiere une difposition tranfitoire qui revient
à intervales égaux. A chaque retour le rayon
pafle à travers la feconde furface, & à chaque
intermiffion il en eft réfléchi. Ainfi cette viciffitude de réflexion & de tranfmiffion dépendroit
des deux furfaces de chaque plaque mince ;
puifqu'elle tiendroit à leur diftance : elle dépendroit auffi de quelqu'action propagée de la
première à la feconde furface, de manière
à avoir conftamment fes retours & fes intermiffions à intervales égaux, durant un nombre indéterminé de viciffitudes (2) ». — Mais
en quoi confifte cette difposition ? — L'Auteur entreprend de réfoudre cette queftion épineufe ; & quelque peu fatisfait qu'il foit
lui-même de fa folution, il n'en fait pas grace
d'un mot. Il fuppofe donc que « les rayons incidens produifent dans le milieu réfringent ou
réfléchiffant des vibrations femblables aux on-

(1) *Ibidem.* I Xe Propofition.
(2) *Ibidem.*

dulations que le jet d'une pierre excite dans l'eau. Selon lui, ces vibrations fe propagent dans ces milieux, à-peu-près comme celles du fon fe propagent dans l'air ; de forte qu'ayant un mouvement plus rapide que celui de la lumière, elles l'atteignent. Lorfqu'un rayon rencontre la partie de cette vibration propre à concourir à fon mouvement, il eft aifément tranfmis ; mais lorfqu'il rencontre la partie oppofée de cette vibration, il eft aifément réfléchi. Chaque rayon eft donc alternativement difpofé à être tranfmis ou réfléchi par la vibration qui l'atteint. Ce font les retours de cette difpofition qu'il nomme LES ACCÈS DE FACILE RÉFLEXION ET DE FACILE TRANSMISSION (I) ».

Jettons ici un coup-d'œil fur cette fingulière doctrine.

Newton débute par pofer en fait que les corps diaphanes, acolores & fort minces, (tels que l'eau, l'air, le verre) foufflés en bulles ou réduits en lamelles, produifent différentes couleurs correfpondantes à leur ténuité. Mais il eft inconteftable que l'eau pure, le blanc d'œuf, le

_____

(I) *Ibidem.*

verre blanc, &c. font toujours acolores, quelque minces qu'en foient les couches, pourvu
qu'ils foient purs ou homogènes. C'eft fur cette
fauffe hypothèfe cependant qu'il donne la mince
lame d'air qui fépare deux verres convexes comprimés, pour vraie caufe des couleurs apparentes autour des points de contact : caufe qu'il
leur affigne conftamment même après avoir reconnu qu'elle n'y a point de part (1) ; puifqu'elles
n'en continuent pas moins à paroître, bien que
l'eau ait pris la place de l'air.

Après être parti d'un fait faux pour établir cette
hypothèfe, il part d'obfervations inexactes pour
en déduire la caufe des phénomènes. Perfuadé,
d'une part, que des anneaux noirs ne peuvent
être produits que par la tranfmiffion de la lumière incidente, & des anneaux blancs ou colorés que par fa réflexion : de l'autre part, trouvant cette (2) alternative d'anneaux clairs &
obfcurs conftante, quelle que foit la couleur des
rayons qui tombent fur les verres ; il en conclut
qu'elle dépend abfolument de la propriété qu'a
telle ou telle partie de la lame d'air interpofé, de
tranfmettre ou de réfléchir la lumière incidente ;

_____

(1) Obfervation 5.
(2) Obfervations 13 & 14.

propriété qu'il fait uniquement dépendre de l'épaiſſeur de cette lame (1).

Mais indépendamment du peu de juſteſſe de cette induction, puiſque les anneaux obſcurs peuvent tout auſſi-bien provenir de la déviation de la lumière que de ſa tranſmiſſion ; il ſuffit d'examiner les phénomènes pour s'aſſurer que ces prétendus anneaux blancs ſont orangés, & que ces prétendus anneaux noirs ſont violets. De l'aveu de l'Auteur, « les uns & les autres, » qui de loin ſembloient ſi bien terminés, de près » paroiſſent confus ; on apperçoit même du vio» let à l'un des bords de chaque anneau » blanc (2) » ; du rouge & du jaune à l'autre bord.

Newton entre à cet égard dans de grands détails, qui font bien voir que s'il a examiné les faits minutieuſement, il ne les a pas expliqués avec ſuccès.

Prétendre que ces phénomènes dépendent néceſſairement d'une très-mince lame d'air, c'eſt ſuppoſer un effet ſans cauſe : car ſi les rayons étoient différemment réfrangibles ou différemment réflexibles, on ne voit pas ce qui les empêcheroit de ſe ſéparer en traverſant une lame d'air, quelle qu'en fût l'épaiſſeur.

---

(1) Obſervation 15.
(2) Obſervation 3.

S 4

Mais la néceffité du concours de cette lame n'eft rien moins que prouvée ; les phénomènes étant plus marqués dans le vide qu'en plein air.

La caufe à laquelle il attribue les prétendus anneaux noirs eft auffi purement imaginaire : car ils n'en font pas moins apparens, quoiqu'il n'y ait pas un feul rayon tranfmis ; comme on **Exp. 16.** l'obferve *en pofant un objectif fur un miroir de métal, mieux encore fur un plan de verre noir poli. Dans ce cas, les rayons incidens fe trouvent tous réfléchis, ils ne devroient donc compofer que du blanc : ainfi toutes leurs couleurs devroient difparoître, toutefois elles n'en deviennent que plus vives.*

Ce qu'il dit des anneaux vus par réflexion & par tranfmiffion eft donc fans aucun fondement.

Eh combien d'autres faits démentent fon prétendu principe !

Exp. 17. *A mefure qu'on incline les plaques à l'œil, les anneaux ne changent point de couleurs, non plus que la tache centrale, feulement ils fe dilatent peu-à-peu ; cependant la lame fur laquelle ils font vus devient toujours plus épaiffe : l'épaiffeur de cette lame ne contribue donc en rien aux couleurs de ces anneaux.*

Exp. 18. *En féparant deux plaques de verre bien mince au moyen d'une couche légère, mais inégale, de colle de poiffon étendue à chaque bout ; quoique la lame*

d'air se trouve alors en plusieurs endroits de la même
épaisseur que celle qui est supposée produire les cou-
leu s des objectifs comprimés, on n'apperçoit cepen-
dant point d'iris.

Au surplus il paroîtra sans doute un peu merveilleux qu'une lame transparente eût, à telle
épaisseur, la propriété de réfléchir tous les rayons;
à telle épaisseur, la propriété de les transmettre
tous; & à telle épaisseur, la propriété d'en réfléchir ou d'en transmettre telle ou telle espèce.
Il paroîtra, sans doute, plus merveilleux encore que ces épaisseurs fussent en progression
arithmétique des nombres pairs ou impairs. Passons néanmoins sur tant de prodiges, uniquement propres à frapper l'imagination, sans rien
dire à l'esprit, & observons qu'après avoir posé
des principes aussi commodes, l'Auteur semble
les abandonner tout-à-coup, en fesant dépendre
de la seule densité d'une lame diaphane quelconque, ce qui fait qu'elle a l'épaisseur requise
pour produire certaine couleur (1); la densité
du milieu ambiant n'étant comptée pour rien.
Inconséquence assez singulière; car, dans la doctrine des accès, l'épaisseur de la lame doit être
telle que les rayons réfractés à sa première

_____

(1) Observation 21.

furface, le foient précifément de la quantité néceffaire pour tomber fur un point déterminé de la feconde furface ; or, pour cela, qui ne fait que l'épaiffeur de la lame doit être proportionnelle à la denfité du milieu ambiant ?

Cette inconféquence n'eft pas la feule. Après avoir attribué à tout corps mince diaphane la propriété de réfléchir ou de tranfmettre, fuivant fon épaiffeur, telle ou telle efpèce de rayons ; il attribue à une propriété qui leur feroit effencielle la difpofition des rayons à être réfléchis ou tranfmis à telle ou telle épaiffeur : affignant ainfi, fans s'en douter, deux différentes caufes au même effet.

Ce n'eft pas tout. De ce que les prétendus anneaux blancs & noirs fe voient en même temps, il infère que les corps réfléchiffent & réfractent la lumière par une feule & même force, différemment mife en action dans diverfes circonftances, & il en donne pour raifon que la lumière eft à plufieurs reprifes réfléchie & tranfmife par de minces lames de verre, fuivant que leur épaiffeur augmente en progreffion arithmétique des nombres pairs ou impairs : comme s'il étoit poffible de prouver une chofe fauffe par une chofe abfurde.

Quant aux anneaux colorés, il s'efforce de

trouver une formule , qui ramène en apparence leurs couleurs aux prétendus rapports de ré-frangibilité des rayons hétérogènes.

Mais voici le beau de ce fyftême ! L'Auteur fuppofe que « tout rayon de lumière, traverfant la première furface d'un milieu réfringent quelconque, acquiert une difpofition tranfitoire qui revient à intervales égaux ; qu'à chaque retour de cette difpofition , le rayon paffe à travers la feconde furface, & qu'à chaque intermiffion il en eft réfléchi. Cette viciffitude de réflexion & de tranfmiffion il l'attribue à quelque action de ces furfaces propagée de l'une à l'autre de manière à avoir fes intermiffions & fes retours à intervales égaux , un nombre indéterminé de fois. Enfin il fuppofe que cette difpofition confifte dans des vibrations du corps réfringent ou réfléchiffant, produites par l'incidence de la lumière ; vibrations qui fe propageroient avec une viteffe fupérieure à celle de la lumière elle-même. Ainfi, lorfqu'un rayon fe préfente à l'inftant où la vibration ne s'oppofe point à fon mouvement, il eft aifément tranfmis ; mais lorfqu'il fe préfente à l'inftant où elle s'y oppofe, il eft aifément réfléchi ».

Arrêtons-nous à ce point curieux. Dans le

fyftême des accès de facile réflexion, les parties même du corps qui ofcille réfléchiffent le rayon, & cette caufe eft purement mécanique : la caufe de la réflexion ne feroit donc pas une force occulte répandue à la fuperficie des corps, comme il l'établit ailleurs (1).

Pour que les ofcillations du milieu réfléchiffant puffent atteindre les rayons, il feroit indifpenfable que leur mouvement fût plus rapide que celui de la lumière elle-même, c'eft-à-dire qu'elle eût une vîteffe de plus de 80,000 lieues par feconde. Ce qui ne laiffe pas d'être affez prodigieux dans un folide dont toutes les parties adhèrent fortement les unes aux autres, tel que le verre; ou dans un liquide prefque fans élafticité, tel que l'eau, tous deux environnés d'un milieu très-réfiftant.

Et ces ofcillations feroient excitées dans ces corps par le choc imperceptible de la fimple lumière du jour, que réfléchit la voûte azurée, ou les vapeurs dont elle eft couverte ! Paradoxe étrange, contraire tout à la fois & aux premiers principes de la mécanique, & aux premières notions du bon fens : le mouvement imprimé à une lourde maffe ne pouvant jamais avoir la vîteffe de celui d'un moteur infini-

_____

(1) V. IIIe Propof. de la IIIe. Part. du Liv. II.

ment fubtil ; car la réfiftance l'affoiblit toujours.

Il me feroit aifé de continuer plus long-temps
l'examen de la doctrine des accès de facile réflexion & de facile tranfmiffion : mais ce feroit
peine perdue. Cette doctrine eft fondée fur cella
de la différente réfrangibilité des rayons hétérogènes ; c'eft même pour tâcher d'y plier les phénomènes, & d'appliquer fes formules aux obfervations, que l'Auteur s'eft épuifé en vains efforts : or la dernière une fois démontrée fauffe,
la première croule bientôt par fes fondemens.

Ainfi cette doctrine, peu intéreffante par elle-
même, l'eft moins encore par la manière dont
elle eft traitée. On n'y trouve, ni exactitude
dans l'expofition des phénomènes, ni jufteffe
dans leur explication. D'une foule d'obfervations mal faites, & entaffées pêle-mêle, font
déduites quelques formules qu'on érige en principes. Le mouvement fi régulier de la lumière
y eft affujéti à des lois capricieufes. Nulle part
on n'y donne la raifon des chofes, par-tout
on y a recours au merveilleux, & par-tout on
n'y rencontre qu'inexactitudes, erreurs, incon-
féquences & contradictions. C'eft ici vraiment

qu'il faut fe donner le fpectacle de l'abus de la fcience, & de la vanité des fpéculations ma- thématiques. Quoi ! tant d'obfervations labo- rieufes, tant de profonds calculs, tant de fa- vantes recherches n'auroient donc fervi qu'à établir une doctrine erronée, qu'un fimple fait (1) renverfe fans retour ?

(1) Voyez l'Expérience dixième.

SECONDE PARTIE.

Des Phénomènes que préfentent les lames
de verre comprimées , & de leurs caufes.

Deux plaques de verre polies offrent toujours plufieurs iris , dès qu'on vient à les comprimer l'une contre l'autre , quelle que foit
d'ailleurs leur figure.

C'eft autour des feuls points de contaɛt des
plaques que paroiffent ces iris (1).

_____

(1) Pour offrir ces iris , il eft indifpenfable que ces
plaques aient des furfaces courbes.

Dans un Mémoire imprimé parmi ceux de l'Académie
de Berlin pour l'année 1752, l'Abbé Mazéas prétend
que ce phénomène a lieu entre des verres à furfaces
exaɛtement planes ; mais fans raifon. La difficulté de
fe procurer de pareils verres eft prodigieufe , même en
les coupant au milieu d'une grande glace ; & fans doute
les légères inégalités des furfaces de ceux dont il fe
fervit lui ont fait prendre le change.

L'Abbé Mazéas prétend auffi que la preffion , mêmᵉ
la plus forte , n'engendre jamais d'iris entre des furfaces
planes , à moins qu'elles n'aient été frottées ; & fans

Petites & étroites, lorfque les verres fuper-
pofés font fort convexes, elles s'étendent à

---

raifon encore. La preffion la plus légère, fouvent
même le fimple poids des plaques fuffit pour engen-
drer des iris : mais ces iris ne s'apperçoivent qu'autant
que les plaques font fort inclinées à l'œil, & jamais
elles ne s'apperçoivent mieux, que lorfque les plaques
font tenues prefque horifontalement entre l'œil & le
ciel couvert de vapeurs. Au refte, il importe que les
verres foient bien polis & bien nets ; gras ou fimplement ternis, les iris ne paroiffent point ; & fans doute
quelque caufe pareille a fait prendre le change à notre
Académicien.

Ce n'eft pas toutefois que le frottement ne favorife
le développement des iris ; la dilatation produite dans
les parties qui s'échauffent le plus, étant très-propre à
leur donner la courbure convenable. Cela fe voit clairement, en ne frottant qu'une partie de l'une des plaques : car c'eft toujours autour de la partie frottée que
fe forment des iris, fur quelque partie de l'autre plaque qu'on vienne à la pofer. Et tant que dure fa dilatation
les iris font apparentes. Obfervation, foit dit en paffant,
qui fournit un excellent moyen de déterminer la durée
du plus petit degré de chaleur communiqué à différens
folides diaphanes.

Il y a cette différence entre les iris développées par
la preffion, & les iris développées par le frottement ;
que celles-ci reffemblent à de petits anneaux concentriques : au lieu que celles-là reffemblent à de larges zones
irrégulières.

Il y a encore cette différence entre ces iris, que les
mefure

mefure que la convexité diminue, & jamais elles
n'ont plus d'étendue que lorfque les verres font
prefque plans : alors elles paroiffent fous la forme
de larges zones.

Les verres ont-ils différens contacts ? Ces
zones occupent différentes parties, elles n'ont
rien de régulier, & toujours elles femblent fe
rapprocher ou fe confondre à mefure que l'inclinaifon de l'œil augmente. Mais pour devenir
régulières, il fuffit qu'un feul de ces verres foit

---

dernières ne s'apperçoivent guères que lorfque les
plaques font fort inclinées à l'œil ; mais auffi s'apper-
çoivent-elles tant que dure la preffion : au lieu que
les premières s'apperçoivent toujours, quelque pofition
qu'aient les plaques ; mais auffi difparoiffent-elles, dès
qu'elles font revenues à la température du milieu ambiant.

Enfin les iris produites par la preffion remplacent toujours les iris produites par le frottement dans les glaces
les plus planes, comprimées par leur fimple poids. Et cela
doit être ; car ce poids fuffit pour maintenir le contact
parfait des plaques aux endroits qui ont été le plus
échauffés ; tandis que les autres difparoiffent au bout de
quelques heures. C'eft ce qu'il eft facile de conftater
en pofant fur une table & fous un bocal les plaques de
verre, après les avoir frottées convenablement. Mais
pour faire difparoître ces iris à leur tour, il fuffit de
féparer les verres, puis de les pofer immédiatement
l'un fur l'autre, fans néanmoins les faire gliffer.

T.

retravaillé fur un plan : ce qui le rendra très-
légérement convexe, en ufant un peu plus les
bords que le centre.

Chaque iris eft formée de plufieurs anneaux
concentriques, contigus & différemment colorés.

Pour bien obferver l'ordre de leurs couleurs,
il importe que l'un des verres foit plan, & que
l'autre ait une convexité de 30 pieds de rayon,
qu'ils aient en diamètre deux pouces chacun,
qu'ils foient bien nets, & placés dans une monture à double virole, propre à les comprimer &
à ne recouvrir que leurs bords. Cette monture
fera elle-même adaptée à un demi-cercle monté
fur une tige à fupport, de manière à incliner
les verres à volonté, fans que l'on foit expofé
à les déranger ou à les ternir en les maniant.

Exp. 19. *Or, après les avoir comprimés peu-à-peu, jufqu'à
ce que les anneaux paroiffent avec le plus de netteté, qu'on les place prefque horifontalement entre
l'œil & l'endroit d'où vient le jour, qu'enfuite
on obferve les couleurs, on les trouvera rangées dans
cet ordre ; le centre de la tache, toujours jaune, eft*

Fig. 1. *circonfcrit d'un anneau rouge, puis d'un bleu. Dans
les iris les plus proches de la tache, les couleurs des
anneaux bien féparées fuivent alternativement le
même ordre. Dans les autres iris, fur-tout dans les
plus éloignées, l'anneau bleu fe mêle avec le jaune,*

& l'anneau rouge avec le bleu, de sorte qu'ils ne sont plus que verts & purpurins alternativement.

Si on éleve l'œil au-dessus des plaques, ou si on abaisse les plaques elles-mêmes ; on verra la tache centrale disparoître, & céder sa place à l'anneau dont elle étoit immédiatement environnée : cet anneau à son tour est remplacé par le suivant, qui bientôt le sera lui-même par un autre. Mais en abaissant l'œil, ou en élevant les plaques, l'ordre des couleurs ne change point, seulement les anneaux & la tache centrale s'élargissent beaucoup.

Exp. 20.

L'œil se place-t-il entre les plaques & l'endroit d'où vient le jour ? Les phénomènes sont identiques.

Exp. 21.

Lorsque la convexité du verre n'a que 10 pieds de rayon ; la tache centrale réfléchie paroît toujours noire, quelle que soit l'obliquité des plaques, & quelque position que l'œil prenne. Quant aux anneaux, toujours très-petits, ils augmentent à peine lorsqu'on les regarde obliquement. Vus à quelque distance, ils paroissent alternativement blancs & noirs : ce n'est que lorsque l'œil en est fort proche qu'il apperçoit leurs couleurs ; & ce n'est qu'en les regardant sous une grande obliquité qu'il les apperçoit un peu distinctement : alors la tache noire paroît environnée d'une suite d'iris ; & de chaque

Exp. 22.

Fig. 2.

T 2

iris le premier anneau eſt jaune, le ſecond rouge,
le troiſième bleu.

Exp. 23. *Lorſque la convexité du verre augmente, la*
tache noire devient plus obſcure, & proportionnel-
lement plus grande : tandis que les anneaux co-
lorés deviennent plus petits & plus confus. La con-
vexité du verre a-t-elle moins de 4 pieds de rayon?
Il n'eſt plus poſſible de diſtinguer les couleurs des
anneaux, & ils ne paroiſſent que noirs & blancs.

Exp. 24. *Au contraire quand cette convexité a près de*
100 pieds, la tache centrale eſt légèrement obſcure
au milieu, & argentée vers les bords, ſous quelque
obliquité qu'on la voie : les anneaux de la pre-
mière iris ſont fort larges, & leurs couleurs bien
ſéparées ; mais les anneaux des autres iris paroiſſent
alternativement verts & purpurins, à raiſon du mé-
lange de leurs rayons.

Exp. 25. *Quand la convexité du verre a plus de 100 pieds,*
la tache centrale eſt toujours colorée, & elle
augmente conſidérablement d'étendue de même que
les iris : mais leurs couleurs, quoique placées
dans le même ordre, ne ſont bien ſéparées que
dans les anneaux de célle qui environne immédia-
tement la tache.

Exp. 26. *A l'égard des verres à-peu-près plans : les iris*
ne préſentent que de larges zones vertes & purpu-
rines, ordinairement placées ſans ordre, & quelque-
fois rangées autour d'une tache colorée.

Moins la convexité du verre est considérable,
plus les iris, vues obliquement, paroissent s'étendre.
Et lorsqu'elle est la plus légère possible ; elles pa-
roissent sur toute la superficie des plaques : quoique
vues à plomb, elles n'en occupent qu'un coin ; c'est
ce qui arrive toujours, lorsqu'elles ont été déve-
loppées par le frottement.

Sont-elles développées par une légère pression des
verres plans ? Elles ne s'apperçoivent que lorsqu'on
les regarde sous une grande obliquité : alors on
distingue même assez bien l'ordre des couleurs de
leurs anneaux, qui sont alternativement jaunes,
rouges & bleus.

Voilà quant aux couleurs réfléchies, que présentent les verres comprimés ou frottés.

Mais lorsqu'on place les verres entre l'œil & Exp. 27.
l'endroit d'où vient le jour ; on voit distinctement
des iris environner une tache diaphane : & rien
ne paroît changé relativement à leurs couleurs, leur
ordre, leur étendue.

Venons maintenant à la cause des phénomènes.

Il est indubitable qu'ils ne tiennent aucunement à la décomposition que la lumière incidente est supposée souffrir en traversant quelque

milieu intermédiaire, très-mince, & terminé par des furfaces obliques ; puifque les rayons hétérogènes font tous également réfrangibles, tous également réflexibles.

Iis ne tiennent pas non plus au concours d'une mince lame d'air interpofé ; puifqu'ils ne font jamais mieux marqués que dans le vide.

Enfin ils ne tiennent pas aux furfaces inclinées de chaque verre comprimé ; puifqu'ils ne s'apperçoivent pas moins entre des verres dont les furfaces font parallèles entr'elles.

S'ils ne fe manifeftent jamais entre des verres bien plans, il fuffit pour les faire paroître que l'une des furfaces en contact ait une légère convexité. Au refte ils n'ont pas moins lieu, quoique le verre inférieur foit noir & parfaitement opaque, pourvu qu'il foit bien poli. Ils ne tiennent donc à ce verre qu'autant qu'il fait miroir ; & au verre fupérieur qu'autant qu'il eft diaphane : car il fuffit de dépolir le premier pour que les iris difparoiffent totalement, comme on s'en affure en fe fervant d'un verre douci (1).

Puifque la lumière ne fe décompofe point par réflexion, il eft conftant qu'elle doit tomber

─────────────────

(1) Il fuffit même que la première furface du verre inférieur foit doucie.

toute décompofée fur la dernière plaque ; &
puifqu'elle ne fe décompofe pas non plus par
réfraction, il eft conftant qu'elle doit fe décompofer après avoir paſſé la première plaque,
c'eft-à-dire dans l'efpace intermédiaire.

En recherchant la caufe des iris ; on reconnoît bientôt qu'elles ne proviennent que des
rayons déviés & décompofés autour des points
du contact partiel des plaques de verre : car il
eft de fait que la lumière ne fe décompofe jamais qu'en fe déviant à la circonférence des
corps (1). Principe inconteftable & lumineux,
dont tous les phénomènes découlent naturellement. Que la lumière ne fe décompofe qu'autour de ces points de contact, la preuve eft fans
replique : puifqu'il ne paroît point d'iris, lorfque
les verres font parfaitement plans, c'eft-à-dire
lorfqu'ils fe touchent également par-tout, à
moins qu'en les comprimant on ne change la
direction de leurs furfaces.

La lumière fe décompofe conftamment en
plufieurs zones autour d'un corps, & ces zones
forment autant d'iris dont fon ombre eft circonf-

_____

(1) Voyez la première Partie de ce Mémoire, où
cette vérité eft mife dans tout fon jour.

T 4

crite (1). Attirée autour des points de contact
des verres, elle se décompose de cette manière,
& toujours en plus grande quantité que le
milieu ambiant est moins propre à contreba-
lancer leur attraction. Aussi les iris sont-elles
plus vives & plus grandes, lorsque l'intervale
des verres est rempli d'air que d'eau; plus vives
& plus grandes encore, lorsque cet intervale
est vide que plein d'air : *mais elles disparoissent*
totalement, lorsqu'un milieu aussi énergique que
le verre (tel que l'huile) prend la place de l'air.

Exp. 28.

Moins les points de contact sont nombreux,
plus les iris doivent être petites & serrées : aussi
sont-elles plus étendues lorsqu'on superpose deux
verres presque plans, que lorsqu'on pose un
verre plan sur un verre convexe ; & beaucoup
plus encore, que lorsqu'on superpose deux verres
convexes : tandis qu'elles ne sont jamais moins
étendues, que lorsque les verres ont le plus
de convexité. A peine alors sont-elles sensibles ;
non seulement parce que le contact ne se fait
que dans un point ; mais parce que les rayons
des iris les plus éloignées de la tache centrale
sont dispersés par la réflexion ; suite nécessaire

_____

(1) C'est ce qui se voit parfaitement dans l'expérience de Grimaldi.

de la propriété qu'ont les miroirs convexes de
rapetisser l'image des objets.

Les iris que préfentent des plaques de verre
plus ou moins convexes, font conftamment concentriques, & elles ont une tache pour centre.

Cette tache, toujours noire lorfque le contact des verres eft parfait, devient moins obfcure lorfqu'il eft moins intime, & colorée dès
qu'il eft fort léger : ce qu'on obferve fans peine
en comprimant ces verres avec plus ou moins
de force.

La tache noire eft produite par la lumière que
leurs parties en contact tranfmet ; & la tache colorée par la lumière qui s'infinue entr'elles. Lorfque le contact eft tel que les rayons décompofés fe confondent de nouveau par la réflexion, les bords de la tache colorée paroiffent
argentés.

La figure de la tache & des iris eft déterminée par celle des points de contact des plaques. Circulaire dans les verres convexes ; elle
eft quelquefois conchoïdale dans les verres prefque plans, & parabolique ou ellyptique dans
les verres plans & flexibles.

Chaque iris eft formée de trois anneaux ; d'un
jaune, d'un rouge & d'un bleu, rapprochés de
manière à empiéter plus ou moins l'un fur l'autre :

le premier réfulte des rayons les plus déviés ; le fecond , des rayons moyennement déviés ; le troifième , des rayons les moins déviés : ainfi , quels que foient leur figure & leur éclat , ils offrent toujours les trois couleurs primitives rangées dans l'ordre de la déviabilité refpective de leurs rayons.

Il en eft de même de la tache centrale colorée qu'ils environnent.

Lorfque les verres font trop convexes, les couleurs des iris peu développées paroiffent ne former que du blanc & du noir.

Lorfque les verres font trop peu convexes, les couleurs des iris fort développées s'entremélent & produifent des teintes mixtes ; les anneaux jaunes & bleus , étant contigus , en produifent de verts ; tandis que les anneaux bleus & rouges, étant contigus , en produifent de purpurins : auffi ne paroiffent-ils que de ces deux teintes , & n'ont-ils point d'intervales entr'eux.

Mais quoique la convexité des verres foit la plus favorable poffible ; les couleurs de la tache centrale , & des deux ou trois premières iris font feules bien féparées : au lieu que celles des autres iris s'entremélent, comme dans les verres prefque plans ; & fi elles paroiffent quelquefois féparées , ce n'eft que lorfque les verres font très-inclinés.

Des rayons déviés & décompofés autour des
points de contact, la plus grande partie eft réfléchie par la première furface du verre inférieur, & elle forme les iris vues par réflexion :
la plus petite partie eft tranfmife par les pores
du même verre, & elle forme les iris vues par
tranfmiffion. Auffi ces iris font-elles toutes de
même étendue, & leurs anneaux font-ils placés
dans le même ordre. On le démontre *en expo-* Exp. 29?
fant aux rayons du foleil ou d'une fimple bou-
gie, mieux encore à ceux du cône lumineux,
les plaques de verre fuperpofées, & en projetant
fur un carton les rayons tranfmis. Voilà pourquoi les iris ne font qu'acquérir de l'intenfité,
quand on fubftitue au verre inférieur un verre
noir de même courbure, de grande denfité &
de beau poli ; car les rayons qui étoient (1) tranfmis fe joignent en partie à ceux qui font réfléchis.

A l'égard de l'extenfion plus ou moins confidérable des iris vues plus ou moins obliquement
par réflexion ; elle vient de l'épaiffeur de la
plaque de deffus, c'eft-à-dire de la diftance des
points où les rayons réfractés émergent des

―――――――――――――――――――――

(1) Ces rayons font tranfmis par les interftices du
verre.

deux furfaces, diftance toujours d'autant plus
confidérable que les verres font plus inclinés.

Ce qui arrive aux rayons réfléchis & réfractés
par la plaque de deffus, arrive aux rayons tranfmis & réfractés par la plaque de deffous : delà
l'extenfion des iris vues obliquement par tranfmiffion. Delà auffi la féparation de leurs couleurs ; car ces réfractions contribuent à féparer
les rayons décompofés & entremêlés.

Telle eft la caufe des couleurs qu'offrent les
lames de verre comprimées.

Les couleurs des coquilles nacrées n'en ont
point d'autres. Quoique très-liffes au dehors,
comme ces coquilles font diaphanes jufqu'à certain degré, & compofées de couches de différente forme & de différente denfité ; la lumière fe dévie & fe décompofe à la circonférence de chaque couche ; & les rayons hétérogènes, tour-à-tour réfléchis par le fond fuivant leur angle d'incidence, font briller différentes couleurs. Delà le jeu changeant de la
lumière, à mefure que la coquille change de
pofition.

Il en eft de même des iris des lames de talc,
& des morceaux de criftal dont les lames font
féparées par des interftices vides ou pleins d'air.

Ainfi, autant la doctrine des accès de facile
réflexion & de facile tranfmiffion eft compliquée,
obfcure, incohérente ; autant la doctrine de la différente déviabilité eft claire, folide, lumineufe.

En les appliquant l'une & l'autre aux phénomènes qui font le fujet du Programme de l'Académie ; le Lecteur judicieux n'eft plus frappé que
de leur différence. D'un fyftême obfcur qui
n'offre rien de raifonné, rien de lié, rien de
fatisfefant, qui retrace par-tout les qualités
occultes du fcholaftifme & les prodiges de la
magie, qui mène fans ceffe à l'abfurde, où la
vérité ne fe montre jamais, & où l'oubli de la
raifon femble porté au dernier point (1) ; il
paffe à une théorie fimple & vraie, où l'efprit
fe repofe fans dégoût, & qui à l'avantage d'éclaircir les phénomènes joint celui de réfoudre
une multitude de queftions épineufes, regardées
comme infolubles. Tel eft l'empire de la vérité,
qu'elle force fouvent l'erreur même à lui devenir favorable !

_____

(1) Je connois toute la force de ces imputations, &
peut-être le Lecteur prévenu m'en fera-t-il un crime :
mais quels que foient les égards dus à la mémoire d'un homme de génie, je ne ferai pas à mes Lecteurs l'injure de croire qu'à leurs yeux, de fimples
raifons de déférence doivent jamais l'emporter fur
l'amour du vrai.

Des phénomènes que présentent les bulles d'eau de savon, & de leur cause.

De l'obſervation des phénomènes les plus petits en apparence, dépend quelquefois la découverte des plus grandes vérités. Qui l'eût
penſé? Une bulle de ſavon, jouet de l'enfance,
offre pluſieurs ſujets à la méditation du ſage!
A peine détachée du tube qui la gonfle, elle
s'abat conſtamment, à moins que l'air ne ſoit
agité; & dans cette chûte conſtante, il voit agir
le principe de la gravitation : tandis que dans
la formation des couleurs qu'elle fait briller enſuite, il découvre le jeu admirable du principe des affinités.

La cauſe de ces couleurs eſt l'objet de nos
recherches; commençons par la diſtinguer avec
ſoin, puis nous la ferons toucher au doigt & à
l'œil, enfin nous en développerons les étranges
métamorphoſes.

Quoique toutes les couleurs poſſibles viennent de la ſeule décompoſition de la lumière
que les corps attirent; celles des bulles de ſavon
diffèrent prodigieuſement de celles des plaques
de verre comprimées: les premières ſont paſſa-

gères, & pourtant elles tiennent au principe
des couleurs permanentes (1) des corps ; les
dernières font permanentes, & pourtant elles
tiennent au principe des couleurs paffagères (2)
des corps. Newton les confondit fans cefle ; fé-
duit par des opinions bifarres, il ne fe laffa point
d'examiner les objets, ne parvint jamais à les
voir, & fe perdit dans de faftidieufes defcrip-
tions : puis cherchant à découvrir la raifon des
phénomènes, & s'égarant à chaque pas, il cou-
rut après des chimères, fit un roman phyfique,
& s'épuifa en fictions ridicules, ayant toujours
la Nature fous les yeux.

---

(1) Pour bien fouffler une bulle, il faut fecouer légèrement le fétu après l'avoir immerfé : il faut auffi que
l'eau de favon ait certaine confiftance ; trop peu chargée,
les iris font foibles & peu durables ; trop chargée, les
iris fe développent mal : elle fera faite dans les proportions convenables, fi on diffout 15 à 20 grains de favon dans une once d'eau de rivière, mais on doit avoir
foin de n'employer que de l'eau de favon nouvellement
faite.

(2) J'appelle couleurs permanentes celles des fleurs,
des fruits, des draps, des granites, &c. parce qu'elles
ne changent point, de quelque manière que l'objet foit
éclairé. Je nomme paffagères celles de la rofée, de l'arc-
en-ciel, des nuages, parce qu'elles changent avec la
manière dont l'objet eft éclairé.

C'eft fans raifon, ai-je obfervé plus haut, qu'il établit comme un fait certain, que les corps diaphanes, acolores & fort minces, (tels que l'eau, le verre, l'air) fofflés en bulles ou réduits en lamelles, produifent des couleurs correfpondantes à leur ténuité. Les preuves du contraire font auffi multipliées que tranchantes. A la lumière du jour, les bulles de verre bien net n'offrent jamais d'iris, quelque minces qu'elles foient (1). Les bulles qui s'élèvent fur l'eau claire, bien battue, n'offrent jamais d'iris. Les bulles de la (2) gomme arabique, bien blanche & diffoute dans l'eau pure, n'offrent jamais d'iris. Les bulles du blanc d'œuf (3)

---

(1) J'en ai fait fouffler de fi minces qu'il étoit impoffible de les toucher du bout du doigt, fans les froiffer. Or, j'ai conftamment obfervé que les verres métalliques donnent tous des iris, dès que les chaux fe révivifient. Quant au verre ordinaire, il donne toujours des iris, lorfque la fumée de la lampe s'y attache & forme pellicule; & jamais lorfque la bulle eft bien nette, quelle que foit d'ailleurs fes inégalités d'épaiffeur.

(2) La gomme arabique diffoute fe fouffle très-difficilement en bulles; mais elle en fournit facilement, lorfqu'on l'agite avec un petit balai.

(3) Le blanc d'œuf battu fe fouffle facilement en bulles, au moyen d'un fétu de paille un peu gros. Comme cette liqueur eft vifqueufe, il faut d'abord afpirer légèrement, puis fouffler, enfin boucher l'orifice du fétu,

pur

pur n'offrent jamais d'iris. Les bulles de l'urine fraîche n'offrent jamais d'iris. La mousse du vin blanc (1) n'offre jamais d'iris. Il en est de même de toute matière transparente homogène, ou plutôt de toute matière transparente dont les différens principes sont exactement combinés.

Mais les bulles du vin rouge offrent toujours des iris. L'écume du lait bouilli offre toujours des iris. La mousse du caffé & du chocolat offre toujours des iris, &c. Ainsi il est hors de doute qu'il ne paroît d'iris que sur les liqueurs dont les principes sont peu unis ou sim-

---

dès que la bulle est parvenue à grosseur convenable : autrement elle rentreroit dans celui de l'autre bout.

Pendant plusieurs minutes ces bulles conservent toute leur transparence Mais lorsqu'elles commencent à se dessécher, il s'y élève quelquefois de petites taches différemment colorées, toujours placées sans ordre, & jamais en anneaux. *Après avoir battu un blanc d'œuf* **Exp. 3** *mêlé à de l'eau claire, si on le réduit en bulles en soufflant par un fétu qu'on y tient plongé ; ces bulles seront long-temps acolores; & ce ne sera qu'au bout de 20 à 30 minutes qu'on verra paroître dans celles qui sont le plus exposées au contact de l'air, de petites taches colorées & immobiles :* ces taches appartiennent donc à des corps étrangers, non aux bulles du blanc d'œuf.

(1) Je n'étends point cette dénomination aux vins jaunes ou orangés.

V

plement interpofés. S'il en paroît quelquefois
fur celles dont les principes étoient bien combinés, c'eft uniquement lorfque cette combinai-
fon ne fubfifte plus, lorfque le mixte fe décompofe. Cela fe voit bien clairement dans l'urine
qui a long-temps ftagné. Les bulles qui s'y élèvent lorfqu'on l'agite, font ternes & couvertes
d'une pellicule huileufe, comme la furface
entière de la liqueur : or c'eft cette pellicule feule
qui forme leurs iris.

Il en eft de même des bulles de favon. Eh,
comment douter que leurs couleurs dépendent
abfolument du favon diffous dans l'eau, puifque l'eau pure n'en produit jamais ? Encore le
favon n'en produit-il qu'en fe féparant de l'eau :
auffi n'eft-ce qu'après certain temps qu'elles
commencent à fe développer : intervale toujours proportionnel à l'épaiffeur de la bulle ; car
plus elle eft mince, plutôt elles fe développent.

Ne nous contentons pas d'indiquer les objets,
montrons-les.

Exp. 31. *En foufflant dans de l'eau de favon, au moyen
d'un fétu de paille, on la réduit en bulles, d'abord
acolores, mais d'un blanc laiteux. Bientôt fur ha-
cune fe forme une infinité de petites taches de différentes couleurs, parfemées de taches noires, mêlées*

confufément, & toutes dans une agitation prodigieufe. Quelques momens après, les particules de
la même couleur fe raffemblent en anneaux, &
l'union alternative de plufieurs anneaux forme différentes iris.

Mais c'eft fur une bulle ifolée, qu'il faut obferver le jeu de ce mécanifme admirable.

En la foufflant contre la flamme d'une bougie (1);   Exp. 32.
c'eft un fpectacle fort amufant, de voir le tournoie-
ment rapide des lames d'eau entraînées par l'air,
& difpofées en ftries le plus fouvent horifontales.

En l'examinant à l'angifcope (2), *après l'avoir*   Exp. 33.
pofée fur une plaque de verre, & oppofée à un pouce
de la flamme ; c'eft un fpectacle encore plus amufant
de voir les particules favonneufes fe dégager de l'eau,
fe réunir en globules diaphanes, & s'élever de toutes
les parties de la bulle au fommet, filant fous la
forme de larmes bataviques. Mais pour jouir en   Fig. 3.
grand de ce fpectacle, il faut répéter l'expérience
dans la chambre obfcure, en plaçant la bulle
proche du fommet du cône lumineux (3).

---

(1) A quelques pouces de diftance.

(2) Lentille très-forte : celle dont je me fuis fervi a
33 lignes de foyer.

(3) Placée à 10 ou 12 pouces du fommet du cône,
l'ombre de la bulle a 3 ou 4 pieds en diamètre ; & les

V 2

Enfin, c'eft un fpectacle enchanteur de voir le développement des particules colorantes (1), leur mouvement prodigieux, leur tendance à s'unir, les efforts que font celles de la même couleur pour déplacer celles d'une autre couleur qui s'oppofent à leur union, & la manière dont elles fe rangent en iris plus ou moins régulières, plus ou moins étendues. Ces particules fe diftinguent très-bien à œil nud, mieux encore à l'angifcope; mais il importe que la bulle ne foit pas trop vivement éclairée; & quoique l'obfervation puiffe fe faire à la lumière d'une bougie, on doit préférer la lumière du jour. Ainfi après s'être placé à une croifée ouverte, lorfque le temps eft ferein, il faut tenir la bulle à l'ombre, & tourner le dos au foleil.

Quand la bulle devient très-groffe, c'eft-à-dire, très-mince; les particules colorantes fe développent prefque toutes à la fois fur fa furface entière : & comme la bulle dure alors très-peu, elles n'ont pas le temps de fe féparer; auffi

---

globules huileux qui s'élèvent au fommet reffemblent aux ferpentins d'un pot d'artifice.

(1) Par cette dénomination, j'entends les particules dont le tiffu eft propre à abforber certains rayons, & à réfléchir les autres.

ne préſentent-elles que des teintes mixtes diſpoſées en larges zones ordinairement vertes &
purpurines.

Lorſque la bulle a certaine épaiſſeur, ces
particules commencent toujours à ſe dégager au
haut, avant de ſe dégager au milieu, ſur-tout
avant de ſe dégager au bas. Peu-à-peu celles
d'une même couleur ſe rangent en anneaux autour d'une tache obſcure ; trois de ces anneaux
forment une iris : par le développement ſucceſ-
ſif des anneaux, les iris ſe multiplient ; mais à
meſure que la tache centrale groſſit, elles ſont
forcées de s'agrandir elles-mêmes, & de deſ-
cendre.

Ce n'eſt pas aſſez que la bulle ait peu de volume pour que les iris ſe développent régulièrement, il faut de plus, qu'elle ne ſoit pas agitée
par l'air extérieur ; car le moindre ſouffle ſuffit
pour déranger & confondre les iris déjà formées.

Entr . . . ici dans quelques détails, & donnons un apperçu des principaux phénomènes.

Après avoir poſé la bulle par le fétu ſur une
plaque de verre poli ; ſi on l'examine à l'angiſ-
cope contre le ciel couvert, on verra d'abord les
globules ſavonneux, qui s'élèvent au ſommet ſous
la forme de larmes bataviques, s'y étendre & s'y

V 3

mêler. Au milieu de chaque larme brillent bientôt des particules colorantes : celles d'une même
couleur fe réuniffent, déjà elles forment des
taches rondes, très-fouvent environnées d'un
anneau de couleur différente, & par leur réunion elles figurent toujours des queues de paon.

Enfuite toutes les taches colorées fe confondent; au milieu paroît une petite tache obfcure, d'autres taches obfcures s'élèvent le long
des parois de la bulle, & vont groffir celle qui
occupe le fommet. Examinées avec foin, elles
ne paroiffent être autre chofe que des globules
huileux, dont la forme lenticulaire ne leur per-
met de réfléchir la lumière que d'un point de
leur furface extérieure, quelque pofition que
l'œil prenne (1) : delà leur obfcurité apparente.
On s'en affure en les examinant à l'angifcope
contre la flamme d'une bougie ; car tant qu'elles
font convenablement éclairées, elles paroiffent
diaphanes, brillantes & parfaitement femblables
à des goutes d'huile limpide étendue fur de l'eau.

Lorfque la bulle a certaine épaiffeur, les particules colorantes fe développent, & fe raffemblent au fommet avant les taches noires; mais

_____

(1) Une lentille fort convexe de verre blanc
paroît de même très-obfcure, quand on la voit par réflexion.

bientôt les taches colorées qu'elles forment fe
mélent & fe confondent : puis de leur mélange
réfultent différentes teintes. Ces particules fe féparent derechef ; déjà on ne voit reparoître
que des taches jaunes, rouges, bleues ; celles
d'une même couleur fe raffemblent en anneaux,
& les anneaux de ces trois couleurs fe réuniffent
en iris. Alors commencent à paroître des taches
noires : en s'élevant plufieurs à la fois, elles
forcent paffage au travers des iris, les rompent,
& font tournoyer leurs débris fur eux-mêmes ;
de ces débris fe forment à l'inftant de nouveaux
anneaux & de nouvelles iris. C'eft toujours l'an-   Fig. 4.
neau jaune qui circonfcrit immédiatement la
grande tache obfcure, il eft à fon tour circonfcrit par le rouge, qui lui-même eft circonfcrit
par le bleu.

Ce mécanifme a lieu d'abord pour la formation de quelques iris, où nos trois couleurs
primitives fe voient affez diftinctement. Quant
aux iris qui fe forment enfuite ; elles ne paroiffent
guères que vertes & purpurines ; la bulle crevant
prefque toujours avant que les parties colorantes
aient le temps de fe féparer : mais au milieu de
leurs anneaux, on voit briller une multitude
de taches rondes irifées en queues de paon,
s'agiter en tous fens, & tendre à s'élever.

Les iris ne font pas toujours fort régulières,

& prefque jamais elles ne font d'égale étendue :
proportionnellement plus étroites que la bulle
eſt plus petite, la plus large eſt conſtamment la
plus proche du ſommet.

Reſte à rendre raiſon des phénomènes.

Il eſt conſtant par toutes nos obſervations,
que les ſeules particules colorantes du ſavon
forment les iris de la bulle.

Tant que dure le mélange intime de ces particules, elles forment du blanc. Les teintes qui
réſultent enſuite de leurs combinaiſons diverſes
ſe réduiſent à la jaune, à la rouge, à la bleue;
lors toutefois que la bulle dure aſſez long-temps
pour que cette réduction puiſſe s'effectuer : d'où
il ſuit qu'il n'y a dans les corps que trois eſpèces de particules (1) eſſenciellement différentes,

_____

(1) Pour peu qu'on étudie en Phyſicien les couleurs matérielles, on s'aſſure qu'elles tiennent uniquement au tiſſu des corps. Mais dès qu'on vient à mé-
diter ſur ce ſujet, on ſent bientôt que ſi l'organiſation
qui rend une particule propre à réfléchir une couleur
particulière s'étendoit à toutes les teintes poſſibles, le
nombre en ſeroit infini, pouvant être limité à trois. Ce
ſeroit donc multiplier inutilement les reſſorts de l'Univers ; puiſque le mélange de nos trois couleurs primitives, conſéquemment des particules propres à les réfléchir, donne toutes les teintes connues.

Pl. X Pag.

Fig. 1.

Fig. 2.

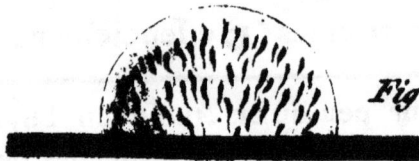

Fig. 3.

Fig. 4.

dont chacune eſt deſtinée à réfléchir l'une des
couleurs primitives, & dont les divers mélanges
donnent toutes les teintes poſſibles. A cet égard
la théorie des couleurs matérielles, (qu'on me
paſſe l'expreſſion) n'eſt pas moins ſimple que
celle des couleurs de la lumière, & par-tout la
Nature paroît également jalouſe de conſerver
l'admirable ſimplicité de ſes lois.

Curieux de découvrir ſi les particules de
chaque couleur ont une figure particulière, j'ai
fait pluſieurs tentatives avec le microſcope compoſé, & jamais l'inconſtance de l'objet ne m'a
permis le moindre examen : tout ce que j'ai pu
reconnoître, c'eſt que les particules colorantes
ne ſont qu'à demi diaphanes ; ce qui paroît auſſi
quand on oppoſe la bulle iriſée à la lumière
d'une bougie.

On conçoit de même, que ſi le nombre des eſpèces
différentes de ces particules s'étendoit au-delà des couleurs primitives, il n'y auroit point de raiſon pour que
le mélange de poudres différemment colorées, amal-
gamées avec de l'eau ou de l'huile, & mêlées de poudres blanches ou noires, dût donner des teintes mixtes
plus ou moins claires, plus ou moins foncées; puiſqu'il n'y auroit point de raiſon pour que leur mélange
ne détruiſît pas leur tiſſu.

Mais comment viennent-elles à former des iris? —— On fent bien qu'il faut avant tout qu'elles foient dégagées de leur diffolvant. C'eft ce que fait l'air qui gonfle la bulle : en la dilatant, il met toutes fes parties en contact avec l'air du dehors, & favorife l'évaporation d'une partie de l'eau, qui de cette manière abandonne les particules colorantes. Abandonnées à elles-mêmes, elles furnagent la lame d'eau, fans y adhérer. Plus cette lame eft mince, plutôt ces particules fe dégagent; & comme l'eau fuperflue commence auffi toujours à s'écouler des parois de la bulle par le fommet, c'eft là que doit néceffairement commencer la formation des iris.

Dégagées de leur diffolvant, ai-je dit, ces particules furnagent la bulle fans y adhérer; mais bientôt elles fe féparent les unes des autres en vertu de l'attraction que celles d'une même couleur exercent entr'elles (1).

Les particules de chaque couleur fe réuniffent donc, d'abord en taches, puis en anneaux. Enfin ces anneaux fe rangent autour

_____

(1) Ce principe jette le plus grand jour fur le mécanifme de la teinture.

Les particules de chaque couleur ayant entr'elles une affinité particulière, il eft évident qu'elles doivent en avoir une auffi avec certains corps : l'action d'un

d'une tache obfcure, & au-deffous les uns des autres.

Cette tache n'étant formée que de la réunion des globules huileux, il eft fimple qu'elle occupe conftamment le fommet, & que pour s'y placer, ces globules dérangent l'ordre des anneaux déjà formés.

Il eft fimple encore que les particules colorantes fe rangent conftamment autour de la tache centrale, dans l'ordre de leurs pefanteurs fpécifiques. Et comme l'anneau jaune la circonfcrit toujours immédiatement ; les moins pefantes de toutes ces particules font celles qui réfléchiffent le jaune : par la même raifon celles qui réfléchiffent le bleu font les plus pefantes ; tandis que celles qui réfléchiffent le rouge ont une pefanteur moyenne.

Attraction réciproque des particules de la même couleur, & inégale gravitation des particules de couleurs différentes ; voilà les vrais principes de tous les phénomènes : le premier détermine la formation des anneaux, mais le dernier feul rend leur ordre immuable. C'eft ainfi

---

mordant ne confifte donc qu'à attirer les particules de telle ou telle couleur avec lefquelles il a une affinité particulière, à s'y unir & à les fixer : auffi chaque couleur fimple demande-t-elle un mordant particulier ; & les couleurs mixtes en exigent-elles plufieurs.

qu'en vertu des mêmes principes , diverses liqueurs mêlées se séparent toujours en différentes
couches.

Ce qui a lieu pour la formation d'une iris ,
a lieu pour la formation de plusieurs. —— Maïs,
dira-t-on , pourquoi les particules colorantes
livrées à l'action de ces principes composent-
elles un grand nombre d'iris, au lieu d'en composer une seule ? —— Le voici : comme les iris
se forment successivement, les particules de la
première une fois formée , s'attirent avec plus
d'énergie , parce qu'elles sont plus rapprochées :
d'ailleurs de moins en moins délayées d'eau,
elles perdent de leur mobilité. Ainsi celles du
premier anneau de la seconde iris qui se forme
n'ont plus assez de force , pour déplacer celles
des derniers anneaux de la première iris déjà
formée ; elles doivent donc se placer au-dessous.

Il en est de même de la formation de la
troisième & quelquefois de la quatrième iris.
Après quoi les particules colorantes , venant à
se dégager de leur dissolvant qui s'évapore
de plus en plus , conservent bien encore assez
de mobilité pour céder à leur propre poids ,
mais trop peu pour se séparer complettement
les unes des autres ; celles des anneaux contigus

reſtent donc plus ou moins mêlées : auſſi les iris ne ſont-elles plus que vertes & purpurines.

C'eſt ce que les obſervations ſuivantes dé-montrent complettement.

Les particules colorantes des premières iris commencent toujours par former une pellicule légère qui gliſſe avec facilité ſur la bulle d'eau, cède ſans effort aux lois de l'équilibre , & per-met aux anneaux colorés de changer à la fois de place , ſans ſe déranger. *Après avoir poſé une* *bulle de ſavon ſur une plaque de verre , qu'on* *attende que cinq à ſix iris ſoient formées , puis* *qu'on incline la plaque ; à l'inſtant même les an-* *neaux ſuivront ſon moûvement ; mais l'inſt nt* *d'après , gliſſant ſur la bulle , ils reprendront avec* *preſteſſe leur ſituation horiſontale : & ce balan-* *cement aura lieu dix à douze fois conſécutives.* La pellicule qu'ils forment eſt donc abſolu-ment indépendante de la bulle. Or (ſoit dit en paſſant) quand on n'auroit que cette preuve de la fauſſeté du ſyſtême DES ACCÈS DE FACILE RÉFLEXION ET DE FACILE TRANSMISSION, elle diſpenſeroit de toute autre : car comment les couleurs de la bulle pourroient-elles dépen-dre de ſes différentes épaiſſeurs , puiſqu'elles n'éprouvent aucune altération en occupant tour-à-tour ſes différentes parties ?

Exp. 34.

Lorſque la bulle eſt fort mince, ſes particules colorantes ſe dégagent toutes tandis qu'on
la ſouffle encore ; & la pellicule ſubtile qu'elles
forment continue quelque temps à être emportée dans le mouvement de l'air intérieur
qui la gonfle. Auſſi les zones colorées qu'elle
préſente tournent-elles avec rapidité.

Exp. 35. *En ſoufflant la bulle aux rayons du ſoleil, ſi*
on en projete l'ombre ſur un carton blanc vertical
placé à 7 ou 8 pouces de diſtance ; ſes couleurs
y paroîtront peu après. Parvient-elle à un volume
conſidérable ? Les couleurs de l'ombre ſe développent
preſqu'à l'inſtant : mais elles changent ſans ceſſe,
ſur-tout à la circonférence, qui le plus ſouvent de-
vient tour-à-tour verte & purpurine ; teintes qui
ne proviennent que de la demi-tranſparence de
celles des zones de la bulle emportée dans le
mouvement de l'air qui la diſtend.

Exp. 36. *Lorſque la bulle a moins de volume, les cou-*
leurs de l'ombre ſe développent moins promptement :
d'abord elles ſont fort foibles , puis elles deviennent
fort vives, & toujours elles paroiſſent à la circon-
férence alternativement purpurine & verte. Ce qui
s'obſerve à merveille lorſque la bulle eſt poſée
ſur un carton horiſontal, au lieu d'être ſuſpendue
au fétu (1).

_____

(1) L'expérience réuſſit tout auſſi-bien à la lumière

Jamais les iris d'une bulle ne font plus brillantes qu'au moment où elles font bien formées, & jamais elles ne font plus mobiles:
alors l'hémifphère qu'elles formert change de
place avec une preftefle inconcevable. Mais à
mefure qu'elles reftent expofées à l'impreffion
de l'air, elles s'évaporent, fe deffechent, deviennent adhérentes (1) : leurs couleurs s'af-
foibliffent auffi peu-à-peu, fe terniffent, s'altè-
rent & difparoiffent tout-à-fait, laiffant après
elles une pellicule grisâtre (2) femblable à
celle qui fe forme ordinairement fur la tache
noire du fommet.

Arrivée à ce point, fi la bulle ne crève pas,
la pellicule fe crevaffe, & les endroits qu'elle
laiffe à découvert paroiffent diaphanes.

Quand la bulle eft fort mince, ces méta-
morphofes font affez promptes: & l'on voit ces
particules décolorées s'agiter & couvrir l'hémifphère fupérieur, avant que les iris foient

d'une bougie diftante de 10 ou 12 pouces de la bulle :
mais c'eft dans le cône lumineux qu'il eft curieux de
la faire.

(1) C'eft ce qui arrive affez fouvent, lorfque l'eau
de favon eft épaiffe.

(2) Cette pellicule eft fans doute l'alkali du tartre
qui eft entré dans la compofition du favon.

entièrement développées sur l'hémisphère inférieur : alors la bulle crève.

Mais suivons-la jusques dans ses débris.

Exp. 37.   *Qu'on observe avec un excellent angiscope les
iris qu'elle laisse sur une plaque de verre, en crevant ; on appercevra les particules colorantes se
diviser & disparoître tour-à-tour ; d'abord les
jaunes, puis les rouges, enfin les bleues.* Comme
elles ne disparoissent que parce qu'elles s'évaporent ; les jaunes sont donc les plus volatiles ; &
les bleues, les moins volatiles; progression de
volatilité qui suit celle de leurs pesanteurs spé-
cifiques (1).

Il est donc bien démontré que les iris d'une
bulle de savon, absolument indépendantes des
différentes épaisseurs de la lame d'eau, ne tiennent pas au jeu changeant de la lumière; mais
à la présence des mêmes particules qui font

_____

(1) Voyez un article qui précède, page 315. Ici j'ob-
serverai que les couleurs développées par la chaleur sur
les métaux, sont toutes correspondantes à la volatilité
proportionnelle de ces particules. Or, on conçoit d'après
ces rapports de volatilité, que le teint le plus solide
doit être le bleu, que le moins solide doit être le jaune,
& que le rouge doit avoir une solidité moyenne ; toutes
choses égales d'ailleurs, c'est-à-dire, à égale solidité
des mordans.

les

les couleurs permanentes des corps. — Principe
nouveau dont le mécanifme, infiniment propre à
piquer la curiofité des Chymiftes & des Phyficiens, femble même tenir du merveilleux: non
de ce merveilleux qui étonne l'imagination en
la révoltant; mais de ce merveilleux qui en-
chante l'efprit, en fefant reffortir l'admirable
fimplicité des moyens que la Nature emploie
pour opérer fes prodiges.

Il eft temps de finir.

CONCLUSION.

J'ai prouvé, jufqu'à l'évidence, que le principe affigné par Newton aux couleurs des corps
minces diaphanes eft deftitué de tout fondement; & j'ai démontré par une fuite de faits
fimples, clairs, décififs, les vraies caufes de ces
phénomènes; j'oferai donc me flater d'avoir rempli la tâche impofée par l'Académie.

Qu'il me foit permis de revenir un inftant
fur mes pas. De la difcuffion dans laquelle je fuis
entré, il réfulte inconteftablement que la *doctrine de la différente réfrangibilité n'eft pas moins
fauffe que celle des accès de facile réflexion & de
facile tranfmiffion eft révoltante.* Ayant à en dé-

X

montrer le vide, j'ai confulté la Nature par de nouveaux faits; j'ai multiplié les expériences, & je les ai analyfées avec foin. Mes efforts, pour affurer le triomphe de la vérité, ont été fuivis d'heureufes découvertes. Ces découvertes font fous les yeux de l'Académie, & leur application eft facile à faire : je dirai néanmoins un mot des principaux avantages qui y font attachés.

Depuis les recherches de Newton fur les couleurs, le fyftême de la différente réfrangibilité des rayons hétérogènes eft devenu le fondement de l'Optique, le point cardinal de toutes fes parties : fyftême erroné, qui complique inutilement la fcience, la foumet à des calculs fans fin, & jette un voile impénétrable fur la plupart des phénomènes. La voilà dégagée de ces erreurs impofantes, & ramenée aux élémens. Mon travail ne tend pas feulement à faciliter l'inftruction, mais à perfectionner les inftrumens dioptriques, dont la conftruction eft encore abandonnée à un art imparfait, à une routine aveugle ! Quels avantages cependant n'auroit-on pas tirés de ces inftrumens précieux, s'ils avoient été portés à leur point de perfection ! Sans parler des moyens qu'ils fourniffent de remédier aux défauts de la vue, à peine quelque Science, quelque Art peut-il fe paffer de leur fecours. On fait ce que leur doivent l'Horlogerie, la Gravure, l'Anatomie, la Chymie, la Phyſique, l'Hiſtoire naturelle, l'Aſtronomie, la Marine, &c. dont les progrès intéreſſent ſi fort la Société.

Une pareille révolution dans la plus ſublime des Sciences exactes ne ſera pas moins avanta-geuſe que glorieuſe pour la France. Comme innovation, elle exige l'examen le plus rigou-reux; mais elle demande auſſi l'attention la plus ſérieuſe, & elle doit exciter le plus vif intérêt. C'eſt aux vrais Savans à lui imprimer le ſceau de la confiance qu'elle mérite. Les heureux fruits qu'elle eſt deſtinée à produire un jour peuvent ne pas ſe faire long-temps attendre, & ſans doute la Nation devra à l'Académie l'avantage de les avoir recueillis plutôt.

F I N.

APPROBATION.

J'ai lu, par ordre de Monseigneur le Garde des Sceaux, un Manuscrit intitulé: *Mémoires Académiques sur la lumière*, par *M. Marat*, Docteur en Médecine. Ce Recueil offre des expériences qui intéresseront leurs Lecteurs ; & je crois que les Savans s'empresseront d'accueillir un Ouvrage aussi neuf, & que je présume utile aux progrès de la Science. En conséquence, j'estime que rien ne peut en empêcher l'impression & la publication. A Paris, ce 2 Décembre 1787.

V A L M O N T D E B O M A R E.

Le Privilège se trouve à la fin des *Recherches Physiques sur l'Electricité.*

www.ingramcontent.com/pod-product-compliance
Lightning Source LLC
Chambersburg PA
CBHW060123200326
41518CB00008B/912